Mechanism of Coal based Gas Migration
and Capacity Prediction Management

煤系气运移机理
及产能预测管理

李立功 著

知识产权出版社
全国百佳图书出版单位
—北京—

图书在版编目（CIP）数据

煤系气运移机理及产能预测管理/李立功著. -- 北京：知识产权出版社，2025.7. -- ISBN 978-7-5245-0045-2

Ⅰ.P618.11

中国国家版本馆CIP数据核字第20259FY343号

内容提要

本书主要以复合储层煤系气开采时涉及的层内动态滑脱流和层间窜流的耦合作用关系为研究对象，综合运用理论分析、数值模拟等方法，系统研究了煤系气在复合储层中的运移规律及机理，分析了各因素变化对煤系气运移的影响规律。通过清楚地掌握煤系气运移过程，实现复合储层煤系气开采产能的准确预测与管理，为复合储层煤系气产能的预测管理提供理论基础和技术指导。

责任编辑：尹 娟　　　　责任印制：孙婷婷

煤系气运移机理及产能预测管理

MEIXIQI YUNYI JILI JI CHANNENG YUCE GUANLI

李立功　著

出版发行：知识产权出版社有限责任公司		网　　址：http://www.ipph.cn	
电　　话：010-82004826		http://www.laichushu.com	
社　　址：北京市海淀区气象路50号院		邮　　编：100081	
责编电话：010-82000860转8763		责编邮箱：laichushu@cnipr.com	
发行电话：010-82000860转8101		发行传真：010-82000893	
印　　刷：北京中献拓方科技发展有限公司		经　　销：新华书店、各大网上书店及相关专业书店	
开　　本：787mm×1092mm　1/16		印　　张：11.75	
版　　次：2025年7月第1版		印　　次：2025年7月第1次印刷	
字　　数：221千字		定　　价：68.00元	
ISBN 978-7-5245-0045-2			

出版权专有　侵权必究

如有印装质量问题，本社负责调换。

前言

煤系气是指与煤系地层有关的煤层气、页岩气和致密砂岩气，统称煤系三气。我国石炭-二叠系地层广泛发育着煤层气、页岩气、砂岩气复合成藏的煤系气藏，对于该类气藏实施多层联合开采（以下简称"合采"）可有效提高单井产气量、储量动用程度、开采年限和产气率等。但目前煤系气的开采主要以煤层气为主，而对复合储层煤系气合采的研究与应用较少。煤系气在复合储层中的运移规律与在单一储层中不同，其不仅存在层内流动，还存在层间流动，并且两者耦合作用，其运移过程比在单一储层中的运移复杂得多。清楚、准确地认识煤系气在复合储层中的运移机理及规律是煤系气合采及产能管理的基础，也是当前煤系气合采亟须解决的关键科学问题。鉴此，本书采用理论分析、实验室试验和数值模拟的方法系统地研究煤系气在复合储层中的运移规律及机理，为实现煤系气合采产能的准确预测提供理论基础和指导。

本书是作者及其所在课题组近10年从事煤系气合采研究工作的总结。书中系统研究了复合储层煤系气合采运移规律及产能预测，取得了预期效果。主要工作及取得的成果：①以体积不变假设为基础，结合火柴棍模型、弹性应力-应变等基本假设，建立了煤系气抽采过程中滑脱系数的动态演化模型，并揭示了滑脱系数的动态演化机理；采用控制变量法分析了滑脱系数随压力、初始渗透率、温度等的变化规律。②在滑脱系数动态演化模型的基础上，建立了考虑动态滑脱效应的气体渗透率预测模型，并以山西某矿煤系气储层为对象，通过实验室试验验证了模型的正确性和优越性。本书所建立的模型考虑了动态滑脱效应的影响，其预测结果与实测结果的符合度高于不考虑动态滑脱效应的模型预测结果与实测结果的符合度，进而验证了本书建立模型的正确性及优越性。③基于垂向平衡假设、等效窜流层等基本假设，将煤系气在复合储层中的运移分为层内动态滑脱流（考虑动态滑脱效应的层内流动）和层间窜流（也有人称之为越流）两部分，以渗流力学中的达西定律为基础，建立了控制层内流动的层内动态滑脱流方程和控制层间窜流的等效窜流层流动方程。结合煤、页岩和砂岩层孔隙压力降低时的参数演化方程及煤系气合采时的边界条件、初始条件等，分别建立了煤-页岩、煤-砂岩及煤-页岩-砂岩复合储层煤系气合采渗流模型。④采用COMSOL数值模拟软件，模拟研究了层内动态滑脱流、层间窜流及其耦合作用对煤系气合采储层压力分布的影响，并揭示了其随抽采时间、初始渗透率、层间渗透率比的变化规律。⑤对山西某矿煤系复合储层煤系气采用单一煤层气开采与合采两种开发方式时的产能进行预测，分析了层间窜流、层内动态滑脱流及其耦合作用对煤系气合采产能预测的影响。

  本书相关研究内容获得了国家自然科学基金——山西煤基低碳联合基金项目（U1810102）和山西省自然科学基金项目（20210302124440）等多项课题的资助。在此作者对长期关心和支持本项研究的领导、专家、学者和工程技术人员表示由衷的感谢！

  由于水平有限，书中难免存在不当之处，恳请读者批评指正。

目 录

第1章 绪 论 ··· **001**
　1.1　研究背景及意义 ································· 001
　1.2　国内外研究现状 ································· 004
　1.3　存在的问题与发展趋势分析 ···················· 034
　1.4　研究内容及技术路线 ···························· 035

第2章 单一储层气体滑脱效应的动态演化机理及规律研究 ············· **037**
　2.1　滑脱效应的动态演化机理 ······················· 038
　2.2　滑脱系数动态演化模型 ·························· 041
　2.3　考虑动态滑脱效应的气体渗透率预测模型及试验验证 ········ 049
　2.4　本章小结 ··· 057

第3章 复合储层煤系气运移机理及数学模型 ··············· **059**
　3.1　复合储层中煤系气的运移机理 ·················· 060
　3.2　基本假设与参数演化方程 ······················· 061
　3.3　复合储层煤系气合采层内流动方程 ············· 065
　3.4　复合储层煤系气合采层间流动方程 ············· 068
　3.5　考虑层间窜流和层内动态滑脱流耦合作用的
　　　　煤系气渗流模型 ································ 071
　3.6　本章小结 ··· 077

第4章 复合储层煤系气合采压力分布及变化规律的数值模拟研究 ... 078

4.1 Comsol Multiphysics 软件 ... 079
4.2 模型建立及模拟方案 ... 081
4.3 动态滑脱流对储层压力分布的影响及变化规律 ... 085
4.4 层间窜流对复合储层煤系气合采储层压力的影响及变化规律 ... 097
4.5 耦合作用对复合储层煤系气合采储层压力的影响及变化规律 ... 105
4.6 本章小结 ... 116

第5章 考虑层间窜流与层内动态滑脱流的煤系气渗流模型在产能预测中的应用 ... 118

5.1 山西某矿概况及复合储层划分 ... 119
5.2 储层的物性特征 ... 126
5.3 煤系气合采产能预测 ... 149
5.4 本章小结 ... 160

第6章 结论与展望 ... 161

6.1 结论 ... 161
6.2 展望 ... 163

参考文献 ... 165

第 1 章 绪　论

1.1　研究背景及意义

煤系气是指与煤系地层有关的煤层气、页岩气和致密砂岩气，统称煤系三气[1]。据统计，我国煤系气资源为 $(60\sim70)\times10^{12}\mathrm{m}^3$。近年来地勘单位在华北等地区的煤系气勘察过程中发现在我国存在煤层气、页岩气、致密砂岩气复合成藏的煤系气层。图 1-1 示出山西西山煤田古交区块、山西沁水盆地中部、山西沁水南部进行气测录井时发现煤层及相邻页岩层、致密砂岩层均匀良好的气测显示。煤系气复合成藏这一特殊成藏条件为实现煤系气合采提供了前提与保障。

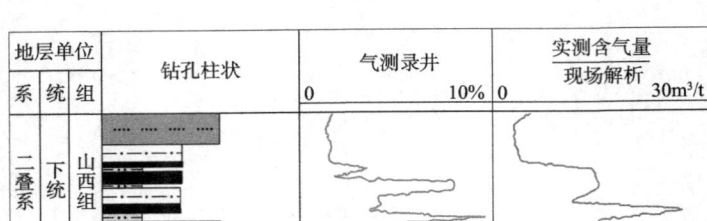
(a) 古交区块二叠系煤系复合储层

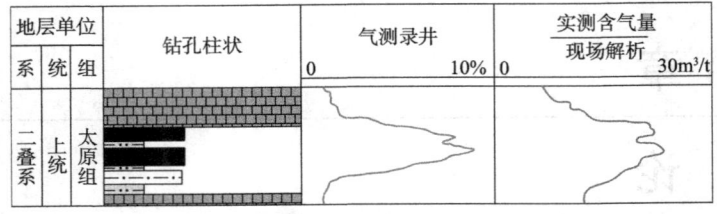
(b) 古交区块石炭系煤系复合储层

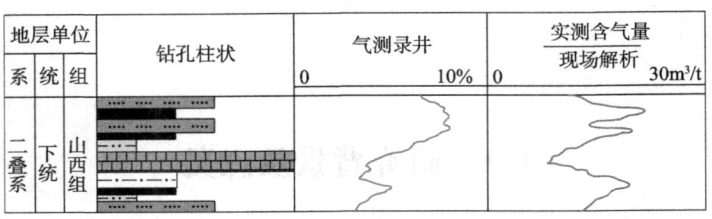
(c) 沁水盆地中部二叠系煤系复合储层

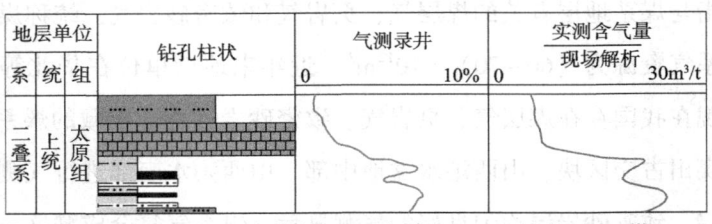
(d) 沁水盆地中部石炭系煤系复合储层

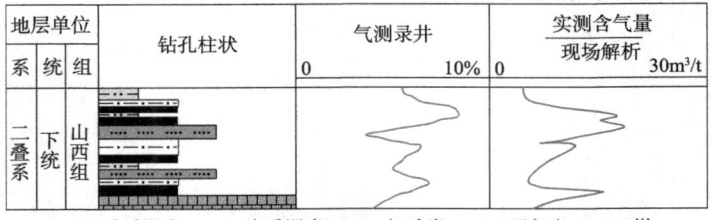
(e) 沁水盆地南部二叠系煤系复合储层

图 1-1　山西部分地区煤系气气测录井显示

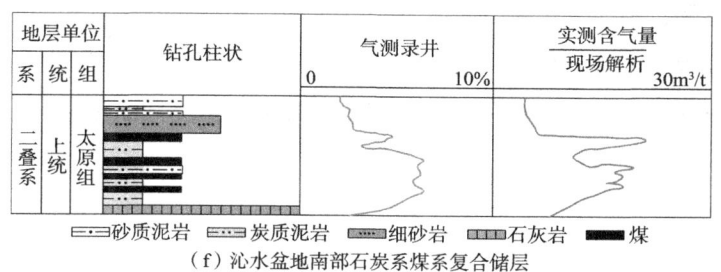

（f）沁水盆地南部石炭系煤系复合储层

图 1-1　山西部分地区煤系气气测录井显示（续）

复合储层煤系气合采可以有效地提高煤系气储量动用程度、降低开发成本、提高单井经济产量与服务年限等[2]。但目前煤系气合采的研究刚刚起步，煤系气开发仍以单一气源开发为主[3]，煤系气的运移规律都是基于单层开发而建立的。煤系气合采时，煤系气在复合储层中的运移与单一储层不同，其不再是单一储层时只受层内滑脱流的影响，而是受层间窜流和层内滑脱流耦合作用影响，其运移过程要比单一储层复杂得多，运移路径如图 1-2 所示。并且受基质收缩效应和有效应力变化的影响，煤系气储层滑脱系数时刻发生变化[4-6]，使得煤系气在复合储层中的运移也时刻发生变化。研究煤系气在储层中运移的动态变化规律是实现煤系气精细化排采、产能准确预测的基础，也是复合储层煤系气合采亟须解决的关键科学问题。

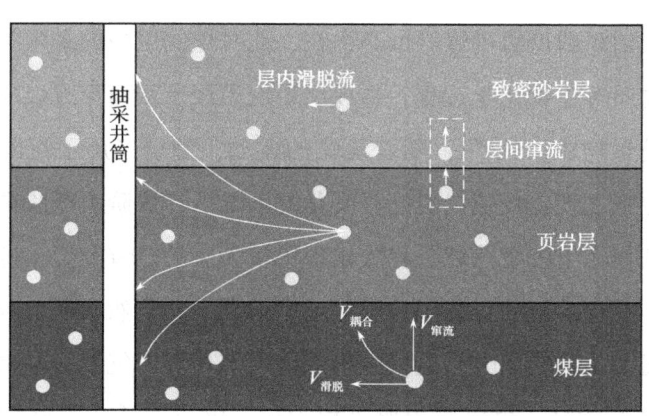

图 1-2　复合储层煤系气渗流路径示意图

本研究通过理论分析与试验相结合的方法，对煤系气在复合储层中的运移机制及其规律进行了深入的探讨，并在此基础上构建了相应的数学模型。同时，采用数值模拟技术，对复合储层中煤系气合采时压力变化的规律进行了研究。以山西省某矿区的煤系复合储层为研究案例，本研究重点分析了煤系气合采过程中层间窜流和层内动态滑脱流现象，以及这两种现象的耦合作用对煤系气合采产能的影响。基于此，对山西某矿区复合储层煤系气合采产能进行了科学预测。本研究的成果为复合储层煤系气的精细化开采及产能管理提供了坚实的理论支撑。

1.2 国内外研究现状

1.2.1 煤系气成藏条件及气藏类型

1.2.1.1 煤层气成藏条件与气藏类型

1) 煤层气成藏条件

煤层气，也被称作煤矿瓦斯，是一种主要由甲烷构成的烃类气体，它是在地下深处的煤层中，由于高温和高压的环境条件，通过煤化作用以及生物化学作用而产生的[7]。这种气体主要通过吸附的方式存在于煤层之中，因此它是一种典型的自生自储型气藏。作为自生自储型气藏[8,9]，煤层气藏的形成首要依赖于煤层气的生成。在煤化作用的早期阶段，煤以泥炭沼泽或低级褐煤等形态存在，此时煤储层中的微生物通过还原二氧化碳、发酵甲基类物质等生物化学过程，释放出甲烷类烃，从而形成煤层气，这一阶段产生的煤层气主要是生物成因气[10]；随着地壳的运动，地层经历了沉降或抬升，煤层的赋存温度和压力也随之发生变化，在这些变化的影响下，煤阶由低阶向高阶转变，煤中的有机质在温度的作用下发生热解，释放出以甲烷为主的热解类烃，这时形成的煤层气主要是热成因气；在煤热解的过程中，煤储层中的微生物仍然活跃，并对煤进行生物化学作用，产生少量的生物成因气，这些生物成因气与热成因气混合，共同构成了混合成因气[11,12]。值得注意的是，煤层气的形成和赋存不仅与地质条件密切相关，还受到煤层的孔隙结构、渗透性以及煤层的厚度和分布等因素的影响。这些因素共同作用，决定了煤层气的富集程度和开采的难易程度。因此，了解和掌握煤层气的成因机制，对于煤层气资源的勘探和开发具有重要的指导意义。

煤层气藏的形成是一个复杂而微妙的地质过程，其中煤层气的储存方式是决定性因素之一。煤，作为一种典型的多孔介质，其内部结构错综复杂，拥有巨大的比表面积，这为煤层气的吸附提供了极为有利的条件。这种巨大的比表面积和特殊的表面特性，使得煤层气能够牢固地吸附在煤层的微孔隙中，从而形成了一个天然的储存库。据研究显示，煤层气在煤储层中的赋存状态主要以吸附态为主，这种吸附态的煤层气占据了煤层总含气量的绝大部分，在90%~95%之间[13]，这一数据凸显了吸附态煤层气在煤层气藏形成中的重要性。除了吸附态的煤层气，剩余的煤层气则以游离态和溶解态的形式存在于煤层之中。游离态的煤层气在煤层的孔隙和裂缝中自由流动，而溶解态的煤层气则溶解于煤层中的水里。这些不同状态的煤层气并不是孤立存在的，它们之间可以相互转化，形成一个动态平衡的系统。例如，在地质压力升高时，原本以游离态存在的煤层气可能会转化为溶解态，溶解于煤层中的水里，或者转化为吸附态，附着在煤储层的表面；而当压力降低时，溶解态的煤层气会重新释放出来，变成游离态，同时吸附态的煤层气也会从储层表面解吸，同样转变为游离态。这种状态的转化不仅受到压力的影响，还可能受到温度、煤层的化学成分以及煤层的渗透性等多种因素的影响。这种动态的转化过程，使得煤层气藏的形成和维持成为了一个需要细致研究的课题。科学家们通过深入研究这些转化机制，不仅能够更好地理解煤层气藏的形成过程，还能够为煤层气的勘探和开发提供理论依据。例如，了解煤层气在不同状态下的转化规律，可以帮助工程师们设计出更有效的开采方案，从而提高煤层气的开采效率和安全性。此外，对煤层气藏形成的深入研究，还有助于我们更好地评估和预测煤层气资源的分布和储量，为能源的可持续发展提供支持。

2) 煤层气储存条件

煤层气藏的形成关键在于其地质储存条件。这些条件是决定煤层气能否有效储存和富集的核心要素。煤层气的储存条件受控于由煤层及其上下围岩构成的含煤层气系统，这个系统包括了煤层本身以及与之紧密相关的岩石层。此外，该系统所经历的多种地质作用，如沉积作用、构造运动、热演化过程等，都对煤层气的储存有着综合影响。综合分析表明，影响煤层气储存的主要地质控制因素涵盖水文地质条件、构造特征以及岩浆活动等方面。水文地质条件决定了煤层气藏的水动力环境，构造特征影响煤层气的封存和运移，而岩浆活动则可能改变煤层的热演化历史，从而影响煤层气的生成和保存。

(1) 水文地质条件

水文地质条件在煤层气的运移与保存过程中扮演着至关重要的角色，是影响煤层气赋存状态的关键因素。地下水系统通过其水动力学作用及水化学作用对煤层气的聚集发挥着决定性控制。

地下水系统对煤层气的运移与保存产生显著影响，主要体现在水力封堵、水力封闭以及水力运移三种水动力学机制上。水力封堵与水力封闭作用有助于煤层气的赋存，而水力运移则促进煤层气的逸失。在水体流动方向与气体运移方向相背时，水力封堵现象易于形成。该现象能够减缓煤层气的运移速率，并携带一定量的溶解气，促进其在构造带的聚集与赋存。在构造相对简单的区域，水力封闭作用较为常见。该区域通常是发育良好的隔水层，储层与含水层之间的联系较弱，含水层能够形成有效的煤层气封闭，从而有利于煤层气的储存。由于甲烷（CH_4）部分可溶解于水，这部分气体将随着水体的流动而发生逸失。研究指出，在地下水径流较强的地带，煤系地层的含气量相对较低；而在地下水径流较弱的地带，煤系地层的含气量则相对较高。特别是在断层带区域，岩层通过断层与含水层相互连通，导致气体随着水体流动大量逸失。

（2）构造运动条件

构造运动在控制聚煤盆地的生成与演化过程中扮演着至关重要的角色，并且对煤层气的形成与富集具有显著影响，是关键的气藏控制因素。构造控气作用可细分为构造背景控气、构造演化控气以及构造形态控气三个层面。煤系地层的生成与发育，以及煤层气的形成与赋存，均受到含煤盆地基底性质及其所处构造环境的深刻影响。在宽缓褶皱地带、稳定地台以及逆冲推覆构造区域，易于形成煤层厚度大、煤质优、产气条件佳的聚煤盆地。此外，良好的封闭条件为煤层气的富集提供了可能性。在构造条件稳定、聚煤作用显著的背景下，形成了有利于煤层气赋存的环境，通常能够形成储量丰富的煤层气藏，如鄂尔多斯盆地、鄂东的韩城和铜川等地区。然而，在大规模逆冲推覆区和强烈挤压褶皱区等构造复杂的地质地带，煤系地层长期遭受复杂的水平应力作用，岩体遭受严重切割，气体逸散量大，导致了不利于煤层气富集的构造背景，如鄂西地区、淮北地区等。

在不同地质时期的构造演化过程中，煤层气的形成与赋存受到显著控制。构造演化对煤层气的生成与富集产生双重效应：首先，地质构造的演化过程会改变煤系地层的埋藏历史、热历史以及烃类生成历史；其次，地质构造的演化过程亦对煤层上方盖层的沉积厚度产生控制作用，并改变储层内部的气体压力，从而影响煤层气的逸散状况。在构造演化中，回返抬升运动导致储层压力下降和渗透率提升，进而影响煤层气的赋存状态。例如，印支期和燕山期的构造演化对鄂尔多斯盆地上古生界煤层的生气过程产生了深远影响，而喜马拉雅期的构造演化则对本区域煤层气的赋存起到了决定性控制作用。

在地层中，不同种类的地质构造产生各异的构造应力场和应力分布状态，进而影响储盖层的形态、物理性质、结构以及孔隙和裂隙特征，最终对煤层气的储集产生作用。在构造运动产生的挤压应力场中，强变形带的中心及其周边区域可成为煤层气的高富集区；而在拉应力场中，煤层的裂隙增多，导致储盖层的渗透性增强，从而引起煤层气的逸散；剪应力场中岩层的物性差异显著。在高应力场区域，裂隙和断裂发育，水动力学作用力强，导致煤层矿化和含气量下降；而在低应力场区域，煤层附近的水系统保持完整，形成良好的封闭环境，有利于煤层气的储集，使得煤系地层的含气量较高。沁水盆地煤层气的赋存条件揭示了局部地质构造高点的应力场通常较低，煤系地层的渗透性较高，煤层气的保存条件较为完整，煤系地层的含气量较高。综合分析表明，开放性地质构造有利于煤层气的逸散，而封闭性地质构造则有利于煤层气的储集。理论分析与实验实践均证明，张性断层具有良好的透气性，易于煤层气的逸失，而压性断层则导致储盖层结构变得致密，有利于煤层气的储集；向斜构造是煤层气富集的主要构造形态。

（3）岩浆侵入条件

岩浆侵入作用对煤系地层的显微组分、孔隙结构、煤质特征和煤阶等方面都有较大的影响。伴随着岩浆的侵入，煤体受热变质，引起煤变质程度提高，生成大量气体。岩浆侵入也使煤体的吸附能力增强，煤体含气量提高。岩浆侵入的同时使煤层围岩特征改变，阻止了煤层气的运移和逸失。

在岩浆侵蚀作用的影响下，煤体中大孔隙占据总孔隙的70%以上，导致孔隙率显著增加，进而提升了煤层的透气性。河南安林煤矿的实例表明，岩浆侵入导致煤体吸附态煤层气解吸为游离态，致使煤层气体压力升高。此外，岩浆侵入作用亦导致煤体裂隙增多，为高气体压力下煤层气沿孔隙和裂隙逸散提供了通道。太原西山煤田受燕山期岩浆活动影响，形成了大量由岩浆诱发的煤层割理，显著提升了煤层的渗透率。研究岩浆侵入后煤体瓦斯富集规律发现，岩浆侵入不仅改变了煤层气的生产量、赋存状态，还影响了气体成分。岩浆侵入导致局部煤体形成构造软煤，该区域成为煤与瓦斯突出的潜在危险区。岩浆区域变质作用和热变质作用共同作用下，煤体挥发分降低，煤中植物组织孔遭受破坏，形成较大气孔。

3）煤层气藏类型

国内学者从含气饱和度、圈闭流体类型、构造、形成圈闭的条件、盖层封闭类型、水文地质条件及煤阶等方面对煤层气藏类型进行了详细划分，其划分方案见表1-1[7,14-18]。

表1-1 煤层气藏类型

煤层气藏类型	划分依据	研究学者
欠饱和煤层气藏、饱和煤层气藏、过饱和煤层气藏	含气饱和度	虞绍勇[14]
水压圈闭煤层气藏、气压圈闭煤层气藏	圈闭流体类型	李勇[7]
水压向斜煤层气藏、水压单斜煤层气藏、气压向斜煤层气藏、背斜构造煤层气藏、与低压异常相关的煤层气藏	构造特征	钱凯[15]
静水压力圈闭煤层气藏、水动力圈闭煤层气藏、复合型煤层气藏	圈闭形成条件	袁政文[16]
压力封闭型煤层气藏、承压水封堵型煤层气藏	盖层封闭	赵庆波[17]
顶板水网络状微渗滤封堵型煤层气藏、构造圈闭型煤层气藏	水文地质条件	
水动力封闭型煤层气藏、自封闭型煤层气藏	压力形成机制	宋岩[18]
高煤阶煤层气藏、中煤阶煤层气藏、低煤阶煤层气藏	煤阶	

1.2.1.2 页岩气的成藏条件及气藏类型

1) 页岩气的成藏条件

页岩气是由一些有机质含量较高的烃源岩长期受温度、压力及生物化学作用形成的以甲烷为主的烃类气体[19-22]。页岩气储层通常具有低孔（大部分孔隙度小于10%）、低渗（渗透率0.001mD～2mD）等特征，与煤层气藏类似，也是一种典型的自生自储型气藏[23]。

页岩气的生成及储存过程可以详细划分为三个主要阶段[24]：①首先是生物气生成与储存阶段。在这个阶段，页岩气的生成过程与煤层气的生成过程相似，主要通过生物化学作用产生页岩气。在页岩气生成的初期，这些气体主要吸附在页岩的孔隙表面以及有机质中。随着生气量的逐渐增加，吸附在页岩中的气体最终达到饱和状态。当吸附达到饱和后，剩余的气体将以游离态和溶解态的形式储存在页岩中[25]。在适宜的环境条件下，这些游离态和溶解态的页岩气会形成水溶气藏。在生物成因气阶段，页岩气藏的含气量相对较低，产生的页岩气主要以吸附的形式存在于页岩中。②接下来是热成因气生产阶段，类似于煤层气的生成过程，在地壳运动的作用下，页岩层的温度和压力发生显著变化，导致页岩中的高密度有机母质发生热裂解，转化为密度较低的甲烷气体。由于页岩层的低渗透性，页岩处于一个相对封闭的环境中，高密度的有机质热裂解导致页岩层密度减小，储层压力升高，页岩受到气体膨胀力的作用。持续的热裂解作用和相对封闭的环境使得储层压力不断上升，甚至可能出现异常高压区域，即所谓的"高压锅原理"。在高压作用下，页岩中的弱面，如应力集中面、岩性接触面和脆性薄弱面等，会产生裂缝，为游离气的储存提供空间。此阶段产生的热裂解气与前一阶段产生的生物成因气之和超过了页岩的吸附能力，因此多余的气体以游离态的形式储存于页岩裂隙中。当这些气体聚集到一定程度后，便形成了以游离相为主的工业性页岩气藏。在这个阶段，页岩层的平均含气量达到最高水平[26]。③最后是页岩气的逸散阶段。随着热解气的大量产生，页岩层的储层压力不断上升，过剩的游离气无法在页岩气藏内部保持，从而导致页岩气的逸散现象。与页岩互层的储层大多具有低孔隙度和低渗透性的特征，如粉砂岩和细砂岩类，这导致页岩气的运移方式为活塞式排水。这种气水排驱方式从页岩开始，在页岩边缘以活塞式推进方式产生根缘气聚集。此时的页岩气聚集已经不再局限于页岩本身，而是表现为无边界、底水和浮力作用下的地层含气特点。值得注意的是，页岩气的这种聚集方式，不仅在地质学上具有重要意义，而且在能源开发领域也预示着巨大的潜力和挑战。随着技术的进步和对页岩气藏更深入的理解，人类对这种清洁能源的利用将更加高效和可持续。

2）页岩气的气藏类型

国内学者从气体产生原因、富集类型及特点和沉积类型等对我国页岩气藏进行了分类，具体分类情况见表1-2[27-31]。

表1-2 页岩气藏类型

页岩气藏类型	分类依据	研究学者
直接型、间接型	页岩气富集类型及特点	张金川[27,28]
热成因气、生物成因气、混合成因气	气体产生原因	李登华[29]
海相页岩气、陆相页岩气、海陆交互相页岩气	沉积类型	邹才能[30,31]

1.2.1.3 致密砂岩气成藏条件及气藏类型

1）致密砂岩气成藏条件

致密砂岩气藏是天然气克服毛细管压力经过活塞运移而形成的[32]。其储层具有低孔（孔隙率小于10%）、低渗（渗透率小于1mD）等特征。具有"源储紧邻、源盖一体、持续充注"的成藏特征[33,34]。

致密砂岩与煤层、页岩层不同，其不具备生气能力。因此，致密砂岩气形成必须具备以下条件：①充足的气源；②足够大的早期圈闭；③具有一定的储集能力；④与气源层良好的配置关系[35]。目前我国发现的致密砂岩气藏大都为煤系烃源岩气藏，如四川盆地、吐哈盆地及鄂尔多斯盆地等[36-38]。

  不同类型的致密砂岩气藏其成藏条件及过程各不相同。按照储层致密化发生在源岩生排烃高峰期的前后,可将致密砂岩气藏分为先成型和后成型两类。对于先成型气藏,研究指出[39-42]按照出气孔出水速率的变化特征将成藏过程划分为3个阶段:①充注前期,即能量积累阶段。此阶段为注气的初始阶段,此时的天然气无法进入致密砂体的孔隙内,只有当注入量达到一定程度,充注能量积累到足以突破毛细管阻力作用时,天然气才开始充注。②充注期,即成藏充注主阶段。在此阶段,由于气体的膨胀力排驱孔隙水的作用,天然气在致密砂体内呈指状向上运移。低渗砂体与"相对高渗砂体"的逐渐连通使出水速率明显增加。低渗砂体内的气柱会随着出水速率的增加迅速萎缩并与"相对高渗砂体"分离,最终形成稳定的天然气分布范围。③充注后期,即气藏保存阶段。在此阶段,天然气分布范围保持稳定,游离相的天然气直接从出水孔喷出,但并不出水,最终使整个致密砂体内形成统一的天然气聚集。对于"后成型"致密气藏,在致密化前后都具有天然气运移和聚集的条件,但大规模运移、聚集一般发生在储层致密化之前。由于成岩早期储层物性相对较好,天然气的聚集分异与常规气藏的成藏模式相同,并且此时气藏的生、储、盖组合及气水分布特征均与常规气藏相似。该类储层聚集的关键时期是生烃高峰到储层致密化的阶段。在此阶段,成岩作用或构造作用的影响很大,受此影响孔隙格架被压缩,孔隙中的天然气逐渐被排出。随着地层压力不断升高,储层致密化超过致密化边界,大规模的天然气运聚过程将停止。在晚期构造运动相对强烈的地区,气藏还将经历晚期重新分配、调整、富集的复式成藏过程,故可将上述的成藏过程划为3个阶段:①在地质历史的原生常规储层阶段,储层物性表现出色,为油气的生成和运移提供了理想的地质条件。源岩层在该时期经历了生排烃的高峰期,大量烃类物质在地下深处被生成,并通过复杂的地质过程向地表迁移。这些烃类物质遵循自然界中常规气藏的聚集原理,逐渐富集于特定的地质构造中。其中,以常规背斜构造圈闭为主的气藏尤为突出,它们如同大自然精心设计的陷阱,捕捉并保存了这些宝贵的烃类资源。这些背斜构造圈闭是由地壳运动造成的岩石层弯曲上升形成的,为油气的聚集提供了理想的物理屏障。随着时间的推移,这些气藏逐渐成熟,成为我们今天所依赖的能源宝库。②在储层致密化阶段,烃类生成与排出的高峰期业已结束。受成岩作用或构造应力作用的影响,储层逐渐趋向于致密化,此过程中未见大规模气体迁移现象。在缺乏断裂系统直接参与的情况下,原始气藏通常不会经历显著的改造过程。然而,若晚期构造活动表现得尤为强烈，则气藏将遭受严重的后期改造，甚至可能面临破坏。③在当前地质时期，天然气的分布格局及圈闭特征主要受复式成藏阶段的地质作用所决定。该阶段的成藏过程涉及多种因素的相互作用，包括构造运动与非构造因素，以及成藏过程中的早期与晚期事件。这些因素的复合叠加效应，共同塑造了现今观察到的天然气分布与圈闭特征，形成了一个由多种因素交织而成的复杂成藏格局。

2）致密砂岩气藏类型

除了按照储层致密化发生在源岩生排烃高峰期的前后，可将致密砂岩气藏分为先成型和后成型两类外，诸多学者还通过储层渗透率、烃源岩有机质类型、储层致密原因、成藏与构造演化关系等对致密砂岩气藏进行划分[43-46]。具体划分方法及分类见表1-3[43,47-54]。

表1-3 致密砂岩气藏类型

致密砂岩气藏类型	划分依据	研究学者
标准致密砂岩气（0.05~0.1mD）、极致密砂岩气（0.001~0.05mD）、超致密砂岩气（0.0001~0.001mD）	渗透率	美国能源部[47]
直接型致密砂岩气、间接型致密砂岩气	烃源岩有机质类型	劳[48]
自身黏土矿物大量沉淀形成的致密砂岩气、胶结物的大量结晶形成的致密砂岩气、塑性碎屑物质受压实作用形成的致密砂岩气、碎屑形成时泥质充填粒间孔隙形成的致密砂岩气	储层致密原因	张哨楠[49]
原生型致密砂岩气、改造型致密砂岩气	成藏与构造演化关系	董晓霞[45]
斜坡岩性型致密砂岩气藏、深层结构型致密砂岩气藏	圈闭类型	张国生[50]
低缓斜坡型致密砂岩气藏、背斜构造致密砂岩气藏、深部凹陷致密砂岩气藏	气藏所处构造部位	李建忠[51]
先成型深盆气藏、后成型致密气藏	储层致密先后顺序	姜振学[43]
先充注后致密型致密砂岩气藏、先致密后充注型致密砂岩气藏	烃类充注与储层致密的时间配套关系	戴维斯[52]
连续型致密砂岩气藏、圈闭型致密砂岩气藏	储集层特性、储量大小及所处区域构造位置	戴金星[53]
活塞充注型致密砂岩气藏、混合驱动型致密砂岩气藏、置换聚拢型致密砂岩气藏	天然气运移的流体动力学特征	李昂[54]

1.2.1.4 煤系气成藏过程及组合类型划分

1) 煤系气成藏过程

在煤系地层中，煤层、页岩以及致密砂岩通常以一种交替重复出现的模式存在，它们之间相互作用，有时作为源岩，有时又作为盖层，形成了多套"生储盖组合"[55]。这种特殊的组合模式不仅为煤层气、页岩气和致密砂岩气的共生共存提供了坚实的物质基础，而且也是煤系气藏复合成藏的关键条件，从而在地质学和能源勘探领域具有重要的研究价值。

煤系地层中含有数层的煤和页岩等烃源岩层，生烃潜力巨大，在煤、页岩的热成气阶段，受温度、压力变化等因素影响，煤和页岩中的有机质易热裂解产生大量的烃类气体，生成的煤系气首先以吸附态赋存于煤和页岩孔隙中，若生气量大于煤和页岩的吸附能力时，一部分煤系气将以游离态和溶解态的方式赋存于煤和页岩层的孔裂隙中形成游离气和溶解气，当储层环境发生改变时，游离的煤系气通过层间裂隙、裂缝以及断层通道等经短距离运移聚集到与煤层、页岩层直接接触的只有储集能力但没有生气能力的致密砂岩层中，使砂岩层充气，形成致密砂岩气藏。煤系气之间的共生共存关系如图1-3所示。

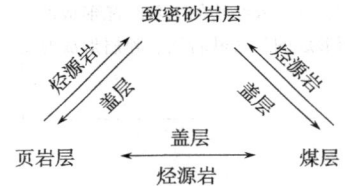

图1-3 煤系气之间的共生共存关系

2) 煤系气储层组合类型

梁宏斌等[56]根据煤层气与煤系其他岩层的关系，将煤系气系统划分为：煤岩-顶板型、煤岩-底板型、煤岩-围岩型三种组合类型，按照围岩岩性进一步将煤系气系统划分为煤岩-砂岩型、煤岩-泥页岩型等；姚海鹏、朱炎铭等[57]通过对鄂尔多斯盆地北部晚古生代煤系非常规天然气耦合成藏机理进行研究，将该地区的煤系气藏划分为：泥岩-砂岩-泥岩组合类型、煤-砂岩组合类型、煤-泥岩-砂岩组合类型三类；侯晓伟等[58]按照煤系气的源-储关系，将煤系地层划分为：单源双储型、双源双储型和三源双储型三类；杨海星等按煤系气的生、储层配置关系，将煤系气储层分为：自生自储型（源内型）和下生上储型（源外型）两类；秦勇等[59]根据沁水盆地南部石炭-二叠系生储盖组合关系以及煤系储层自身的特点，将沁水盆地煤系气储层分为独立砂岩气藏、独立页岩气藏和煤–页岩–砂岩互层型气藏，并在文中指出，赋存于山西组和太原组的砂岩气、页岩气与煤层气互层气藏具有共探共采前景。

1.2.2 煤系气开发及产能预测研究现状

美国作为煤系气合采技术试验的先行者，已成功实施了煤层气与煤系致密气的合采。在 21 世纪初期，皮森斯盆地白河隆起区域进行了合采的探索性试验，结果显示单井日产量最高可达 1.4 万 m^3。近期，全球范围内对煤系气资源的开发力度显著增强，美国、加拿大、澳大利亚以及中国等国家已经实现了地面煤系气资源的商业化开采。

我国对煤系气地质的调查与勘探工作始于 20 世纪 50 年代，历经四个阶段的发展。这些阶段包括：初步认识远景（20 世纪 50 年代至 21 世纪初）、成藏特征的初步探索（2001—2015 年）、综合采气试验与认识的深化（2015—2020 年）以及勘探开发的重大突破（2021 年至今）。

目前，针对煤系气的研究已取得显著成果，主要体现在以下五个方面：第一，总结了煤系气复合成藏的六大基本地质特征，包括生烃量、多相态、源储盖等；第二，提出了煤系气成藏的四大关键要素及其相互作用，包括生烃强度、运移方式、区域有效盖层等；第三，对叠置煤系气系统进行了研究，探讨了其地质成因，并提出了相应的识别与评价方法；第四，归纳了共探合采的理论和技术方法；第五，运用灰色类聚法、体积法、模糊数学综合评价法等方法与技术，对煤系气资源评价与有利区预测进行了有效性研究，为后续的勘探开发提供了重要的理论依据。

为探究我国煤系气勘探与开发领域的知识架构及其发展趋势，本研究构建了基于公开报道煤系气研究文献的知识图谱。研究以中国知网（CNKI）数据库作为文献检索平台，运用高级检索功能，以"三气共采""三气合采"或"煤系气"为主题词进行文献检索，统计时间截至 2025 年，未对出版起始时间进行限制。在筛选过程中，剔除了与研究主题相关性较低的期刊文献，以及非学术性的约稿、简介、报道等文献。

鉴于煤系气研究与勘探开发打破了仅限于煤层气的传统视角，以煤层气为起点，对煤系气进行深入探讨。尽管我国煤层气资源极为丰富，且针对我国特定煤层地质条件的中高煤阶煤层气开发技术体系已基本形成，但单井产量偏低仍是制约该产业发展的重要因素。实际上，煤层气的评价范围应涵盖整个煤系地层，包括煤层以外的炭质泥岩、页岩以及致密砂岩等多类烃源岩和储集层。通过煤系气的有效合层开采技术，可以实现大规模的经济效益。此外，与煤层气相关的高频研究关键词还包括页岩气、资源潜力、储层损害、煤系地层、成藏条件、封闭体系、烃源岩、孔隙结构、控制因素等。因此，在煤系气共探共采的研究领域中，除对勘探潜力进行集中研究外，还特别关注了煤层的微观特征。

  本书的出发点是基于对煤层气资源的深入理解，进而扩展到对整个煤系地层的全面分析。在这一过程中，我们不仅关注了煤层本身，还对煤系地层中的其他潜在资源进行了评估，如炭质泥岩、页岩和致密砂岩等。这些岩石类型同样具有作为烃源岩和储集层的潜力，因此在煤系气的研究中占有重要地位。通过采用合层开采技术，可以将这些不同类型的资源进行有效整合，从而提高单井产量，推动整个产业的经济效益提升。在技术层面，我们还关注了煤层气开发中的高频研究关键词，如页岩气、资源潜力、储层损害、煤系地层、成藏条件、封闭体系、烃源岩、孔隙结构、控制因素等，这些因素对于煤系气的勘探和开发至关重要。在煤系气共探共采的研究领域中，我们不仅集中研究了勘探潜力，还特别关注了煤层的微观特征，这对于理解煤层气的赋存状态和开发效率具有重要意义。

  我国在煤系页岩气的勘探与开发领域起步相对较晚，与国际先进水平相比，尚存在一定的差距。根据最新的研究数据，埋藏深度在3 000米以内的煤系页岩气资源量占到页岩气地质资源总量的30%左右。这些资源主要分布在鄂尔多斯盆地、塔里木盆地、四川盆地以及南华北盆地等地区。尽管煤系页岩储层的单层厚度相对较小，但其累积厚度却相当可观，并且这些储层往往与煤层及致密砂岩呈现出互层状的分布特点。传统上，人们普遍认为储层的厚度越大，其产气潜力就越高。但是，最近的研究成果表明，那些薄互层型的煤系页岩实际上具有更为显著的产气潜力。鉴于我国页岩气资源的勘查潜力巨大，将煤系页岩气与煤层气、致密砂岩气进行综合勘探与开发，有望显著提升非常规天然气的技术可采资源量。此外，与页岩气相关的高频研究关键词还包括煤系地层、成藏特征、勘探潜力、储层伤害等，这些关键词揭示了在煤系气共探共采的研究领域中，页岩气研究主要聚焦于储层评价与表征，特别是开发特征的研究。这些研究不仅关注储层的物理特性，还包括了对储层的化学和生物特性进行深入分析，以期更全面地理解页岩气的形成机制和开发潜力。

  现阶段对于气井产能预测方法可以分为基于数学的预测方法和基于物理的预测方法。

在油气工业领域，传统的基于数学的预测技术，亦称为经验方法，通过将实际产量与特定模型进行拟合，仅需利用与气体生产历史相关的数据，因其精确的产量预测和相对简便的计算过程而广受青睐。例如，有研究者运用递减衰减曲线（DCA）、流动状态分析以及流动物质平衡法，对煤层气水平压裂井的产气量进行了深入分析，并对其生产动态进行了预测。他们发现，通过这些方法可以有效地评估井的生产潜力和预测未来的产气趋势。然而，该方法所依赖的模型，如指数模型、调和模型和双曲线模型，均为理想化的曲线，未充分考虑储层特性及实际操作因素，从而导致预测结果存在显著的不确定性。这些模型通常假设了恒定的生产条件和均匀的储层特性，但在实际情况下，储层的非均质性、裂缝系统的复杂性以及操作条件的变化都会对生产行为产生重大影响。因此，尽管这些经验方法在某些情况下能够提供快速的预测结果，但它们的局限性也意味着在实际应用中需要结合地质、工程和操作数据进行综合分析，以提高预测的准确性和可靠性。

基于物理的预测方法，依据严格的理论基础，构建了一套与井底流压和产气曲线相匹配的偏微分方程。该方法可细分为解析法、半解析法和数值方法。这些方法均建立在坚实的理论基础之上，因此成为广泛使用的产量估计技术。解析法特别关注于通过考虑地层的非均质性、复杂井结构以及边界条件等假设，来获取不同类型井筒的流量变化情况。例如，一些学者提出了适用于致密油藏的 MFHW 模型，该模型在考虑非达西流动和应力敏感性的影响下，对模型进行求解，并对实际生产数据进行历史拟合，以期达到更准确的预测效果。半解析法则依赖于简单的迭代计算过程。有研究者基于半解析法对有界双孔隙度地层中的多层压裂水平井的产能进行了深入研究，他们通过集成拉普拉斯变换和有限傅里叶余弦变换来对裂缝进行建模，以期更精确地描述井筒周围的流动情况。数值方法则采用更为复杂的数值模型来描述储层的地质非均质性。随着相关技术的不断进步，越来越多的人为因素和地质参数被纳入模型中，以提高预测的可靠性。例如，采用灰色格子 Boltzmann 方法进行数值模拟，可以得到不同煤层合采条件下的压力和速度分布，进而分析各煤层的产气量及产气量贡献率。然而，当这些方法被应用于气井产能预测时，它们也显示出一定的局限性。例如，大多数解析法主要适用于单相流的情况，并且在计算过程中往往忽略了生产过程中压力梯度和含水饱和度的变化。而数值方法虽然精确，但其计算需要依赖于精确的地质模型和大量参数，这使得对输入参数的精度要求非常高，从而导致计算过程复杂且不便，在现场应用方面受到了一定的限制。

此外，商业的数值模拟软件通常需要高度专业化知识，包括模型构建、参数调整、仿真执行及结果解释等复杂工作，这要求操作者必须具备深厚的专业领域知识。

1.2.3 煤系气合采产能影响因素

煤系气合采产层组合要求每一产层均具备一定的产气贡献度，而影响产层贡献度的因素可从两个维度进行分析：其一为各产层自身的特性；其二为在合采过程中产层间的相容性。

1) 单层开采产能影响因素

(1) 煤层气单采产能地质影响因素

长期以来，中国在煤层气的开采过程中一直遭遇着一系列的难题，其中最为显著的问题是产气量相对较低以及稳产时间较短。这些问题的产生，其根本原因在于地质条件和工程实施过程中的复杂性以及多变性。具体到地质因素方面，影响煤层气井产能的关键因素众多，它们包括但不限于煤层的厚度、煤层中含有的气体量、临界解吸压力的大小、煤层的渗透率、水文地质条件的状况、构造活动的频繁程度、煤层的埋藏深度、煤层的原始压力水平以及煤层的演化程度等。

煤层气资源的潜力受到多个因素的综合影响，其中包括煤层的厚度、含气量以及热演化程度。具体来说，当煤层的厚度增加时，这将导致总生烃量的提升，同时也会延长气体向顶底板扩散的路径，从而降低了气体的逸散率，这对煤层气的开采来说具有积极的影响。此外，煤层含气量是决定煤层吸附饱和度的一个关键因素，含气饱和度的提高意味着有效泄气面积的扩大，进而导致单井产气量的增加。在我国，多数地区的煤层处于欠饱和状态，因此在排采过程中必须采取排水措施以降低储层压力，促使吸附气解吸。吸附气解吸的临界压力越高，表明其与原始煤层压力的差值越小，气体解吸的难易程度越高，短期内的产能也相应提高。然而，上述过程在根本上受到煤储层对气体导流能力的控制。渗透率的增大降低了流体产出的阻力，增加了产水量，扩大了压降漏斗的波及范围，加速了压力下降，缩短了见气所需时间，从而提高了产气量。

水文地质条件在煤层气勘探与开发过程中扮演着至关重要的角色，其影响贯穿于煤层气的形成、运移、富集，以及煤层气选区评价、井位设计、完井方案、排采制度优化等多个环节。地下水的作用或控制不仅体现在上述方面，而且其对煤储层压力和煤层渗透性具有显著影响。煤储层原始压力作为决定煤层气井产能的关键地质因素，通常情况下，较高的煤层压力预示着更佳的气体保存条件和更高的含气量，进而导致煤层气井产量的提升。然而，水文地质条件与煤储层压力的分布受到构造地质条件的制约。在裂隙发育区域，水的径流作用较强，导致大量气体随水流动而散失，这不利于煤层气的富集。此外，气体的散失使得原本由气体维持的储层压力转由水承担，因此在开采过程中必须采取排水措施以降低储层压力。在进行煤层气的勘探和开发时，地质学家和工程师必须深入研究水文地质条件，以确保能够准确评估煤层气资源的潜力，并制定出合理的开发策略。这包括对地下水流动路径、速度和范围的详细分析，以及对煤层渗透性和储层压力变化的持续监测。通过这些综合性的研究，可以更好地理解煤层气的赋存状态，从而提高煤层气的开采效率和经济效益。

构造活动在地质历史中扮演着至关重要的角色，它不仅对煤层的埋藏深度有着决定性的影响，而且对煤层的演化过程也具有显著的控制作用。这些因素进一步影响了煤层气的生成与保存，以及储层物性特征，从而对煤层气井的产能产生深远的影响。煤的变质程度是一个关键因素，它决定了煤层中甲烷的生成量、孔隙结构及其对甲烷的吸附能力。这些特性间接地影响了煤层气井的产能。随着变质程度的提高，甲烷的生成量亦相应增加，这表明变质程度与甲烷生成量之间存在直接的正相关关系。此外，变质程度还会影响煤层孔隙的发育特征。当镜质体反射率低于 2.5% 时，随着演化程度的提升，原始大孔隙逐渐减少，微孔隙数量增多，导致比表面积显著增加。这种变化对煤层气的吸附和解吸特性有着重要的影响，进而影响煤层气井的生产效率。

（2）致密气产能地质影响因素

与煤层气相比，致密气的产能受到的控制因素相对较少。在这些因素中，诸如地层的厚度、岩石的渗透性、水文地质的特征、地质构造的活动性、埋藏的深度、储层的压力以及岩石孔隙度等，这些因素在影响煤层气产能的同时，它们的作用机制也表现出一定的相似性。然而，除上述因素之外，还有一些因素在致密气和煤层气的产能影响上存在差异，如含水饱和度和岩石的胶结方式等。在煤层的环境中，气体主要以吸附状态存在，水的作用更多地体现在传导压力上，通过排水降压的方法可以有效地促进气体的解吸。换句话说，在煤层气的开采过程中，较高的含水饱和度实际上是有利的。然而，在致密砂岩的环境中，游离气在排采过程中可以直接产出，不需要依赖排水降压的手段。因此，如果含水饱和度较高，游离气的含量会相应减少，这将导致气井的产能下降。

根据最新的研究发现，水饱和度在致密砂岩气藏的产能表现中扮演着至关重要的角色，特别是在排采过程的中后期阶段。在较大的压差作用下，原本被束缚的水分开始参与流动，这导致储层中可动水的含水饱和度逐渐上升，从而对气井的后期产能产生显著的影响。进一步的研究表明，砂岩中束缚水的饱和度越高，气藏对于应力变化的敏感性就越强，这可能会对气藏的稳定性和产能产生不利影响。同时，优质的胶结方式不仅能够提供更加优越的储集空间，而且在压裂改造过程中，它为形成更加广泛的连通性提供了必要的物质基础，这对于提高气藏的最终采收率和经济效益具有重要意义。

（3）工程影响因素

气井的产能受到多种工程因素的影响，这些因素广泛地涉及钻井、储层改造以及排采制度等多个方面。在钻井的过程中，为了提高钻井液的携砂性能，通常会向其中添加多种生物聚合物。这些聚合物的加入有助于促进钻井液泥饼的形成，其主要目的是减少钻井液渗入地层，从而保护储层。然而，泥饼的形成同时也成为储层水锁效应的一个主要成因。储层损害会直接导致气井的产能下降，这是一个不容忽视的问题。特别是在煤层气井中，由于有机质对钻井液具有显著的吸附作用，如果在钻井和完井过程中所使用的流体不相容，那么就极有可能引发储层损害。这种损害会进一步降低气井的产能，因此在实际操作中需要特别注意。

水力压裂技术在煤层气直井开发中扮演着至关重要的角色，其效果直接关系到气井的产量。确保足够的压裂液量和加砂量，以及有效的裂缝半长，是提升产能的关键因素。通常情况下，压裂产生的裂缝数量越多、裂缝延伸的长度越长，越有利于气井产能的提升。然而，研究指出，水平井的无阻流量随着裂缝数量和裂缝半长的增加而迅速上升，但当这两个参数增长到一定程度后，由于裂缝间相互干扰的加剧，无阻流量的增加趋势会逐渐放缓。然而，在顶底板存在含水层的情况下，过度压裂可能会产生不利影响，导致煤层气井产水量增大，降压难度增加。此外，压裂过程中使用的流体，由于其物理化学性质的差异，会对储层造成一定程度的损害。例如，压裂液在储层中可能引起液堵现象，压裂液残渣可能堵塞流体运移通道，压裂过程可能引起储层中黏土矿物的膨胀和颗粒运移，储层冷却效应可能造成损害，与储层流体不相容可能产生化学反应形成沉淀，不当使用压裂液添加剂可能导致岩石润湿性改变，支撑剂使用不当可能造成损害，以及施工作业和施工质量不佳可能引起的附加损害等。

在煤层气直井开发的过程中，水力压裂技术的应用是至关重要的，它直接影响到气井的产量。为了确保气井的高效生产，必须保证足够的压裂液量和加砂量，同时还要确保裂缝的有效半长。在实际操作中，压裂作业产生的裂缝数量越多，裂缝延伸的长度越长，通常情况下，这将极大地促进气井产能的提升。

排采控制技术在煤层气及致密砂岩气的产量提升方面扮演着至关重要的角色。通过实施恰当的排采制度，可以在不损害储层的前提下，有效地增加气井的产量。在煤层气井的早期阶段，主要以排水为主，此时控制动液面是至关重要的任务；而在中后期的稳产阶段，重点则转移到了控制套压上。通过尽可能地降低套压进行生产，可以有效地降低煤储层的平均压力，从而扩大煤层气的解吸范围，进一步提高产量。然而，如果排采速度过快，可能会引发速敏问题，这将对整个生产过程产生不利影响。由于煤层本身具有较大的脆性和较低的抗压强度，以及弱固结特性，在钻井、增产等作业或生产过程中，容易产生大量平均粒径小于 $50\mu m$ 的煤粉颗粒。当生产压差过大，流体流速超过临界速度时，这些煤粉颗粒或砂岩中的碎屑颗粒将在流体的带动下开始运移和聚集，堵塞流体渗流通道，导致储层渗透率下降。大量的生产实践和实验研究表明，煤粉颗粒的运移是导致排采过程中储层渗透率降低的主要因素之一。

2）合采产能影响因素

在最近几年中，一些研究人员和学者们对煤层气与致密气的合采过程中影响产能的各种因素进行了深入的探讨和研究，并且在这个领域内取得了一系列重要的研究成果。在合采的初始阶段，煤层通常会处于一个排水的状态，随着排水量的持续增加，储层的应力敏感性效应会逐渐变得明显。当这个效应达到一个特定的阈值之后，由于储层渗透率的下降，排水量会相应地减少。与此同时，随着煤层朗氏应变常数的逐渐增加，合采的产气量也会相应地提高。当煤层的渗透率超过了致密砂岩层的渗透率时，煤层的压降速度会加快，这使得合采的效果更加显著。除此之外，煤层气的吸附性对合采的效果也有着显著的影响。具体来说，临界解吸压力越大、朗氏压力越高、朗氏体积越小，则合采的效果越好。

储层空间的叠置性，即不同储层之间的空间关系，对合采效果具有显著的影响。在煤层气与下覆致密气的合采过程中，同步开采这两种气体被证明是最佳的生产策略。研究发现，层间距离的增大与产能的提升之间存在正相关关系；也就是说，随着层间距离的增加，开采的总产量也会相应地提高。而在煤层气与上覆致密气的合采中，优先开采煤层气后再进行合采被视作更优的生产方案。在这种情况下，层间距离的减小与产能的提升之间也存在正相关关系；即层间距离越小，开采的总产量越高。如果先开采致密气再进行合采，由于射孔后煤层产出的气体和水会向致密层反向流动，这可能会导致开采效率降低，因此这种方案通常不被推荐。此外，随着煤系砂岩储层的渗透率、压力系数、厚度以及孔隙率的增加，砂岩气在10年内的累计产量贡献率呈现上升趋势；这表明这些因素的增加有助于提高砂岩气的长期产量。然而，当砂岩储层含水饱和度升高时，其10年内的砂岩气产量贡献率则呈现下降趋势；这意味着含水饱和度的增加可能会抑制砂岩气的产量。

1.2.4 滑脱效应及其对产能的影响

理论上认为用气体测得的多孔介质的渗透率与液体测得的渗透率相同，并且渗透率大小与孔隙压力无关。但在实际分析测试中发现，用气体测得的多孔介质渗透率与液体测得的结果并不相同，且多孔介质越致密，孔隙压力越小，两者差异越大。1875年昆特和沃伯格首次发现并报道了该现象[60]，但遗憾的是其并未进行进一步深入研究。1941年克林伯格[61]以单个玻璃毛细管为对象，研究了气测渗透率与液测渗透率的差异，研究认为该现象是由气体滑脱效应造成的，并提出用滑脱系数b来描述气体滑脱效应的强弱程度。之后，人们将该现象称之为滑脱效应，也叫克林伯格效应。

滑脱效应是气体在多孔介质渗流的一个普遍规律，也是气体渗流不同于液体渗流的普遍现象。因此，想要准确、真实地了解气藏的渗流规律就必须研究气体的滑脱效应。鉴于此，国内外学者对滑脱效应进行了大量的研究工作，并取得了一定的研究成果[62-69]。本节将从滑脱效应是如何产生的、滑脱效应如何表征、滑脱效应如何测量以及滑脱效应对气藏开发产能的影响因素等几个方面对滑脱效应的研究现状及研究成果进行阐述。

1.2.4.1 滑脱效应产生机理

滑脱效应产生的本质是由于气体分子与孔隙壁面的作用力小于液体分子与孔隙壁面的作用力，导致气体在孔隙中流动时不存在像液体流动时的"束缚层"，位于孔隙壁面的气体分子存在一个附加渗流速度分量，使得气体分子流过孔隙的能力大于液体分子[70]。该现象表现在宏观上即为气测渗透率大于液测渗透率。孔隙压力越小，气体分子与孔隙壁面碰撞和接近的几率就越小，受孔隙壁面的作用就越小，滑脱效应就越强；反之就越弱。随着孔隙压力的增大，气体分子与孔隙壁面碰撞产生的流动增量对总气体流量的影响越小，气体滑脱效应对流量的贡献也越来越弱，表现在宏观上即为气测渗透率与液测渗透率越接近。当孔隙压力增加到无穷大时，滑脱效应对流量的贡献几乎可以忽略不计[71]，此时的气测渗透率与液测渗透率基本相同，因此人们将压力为无穷大时的气测渗透率称为绝对渗透率或固有渗透率。液体和气体在孔隙中的流动如图1-4所示。

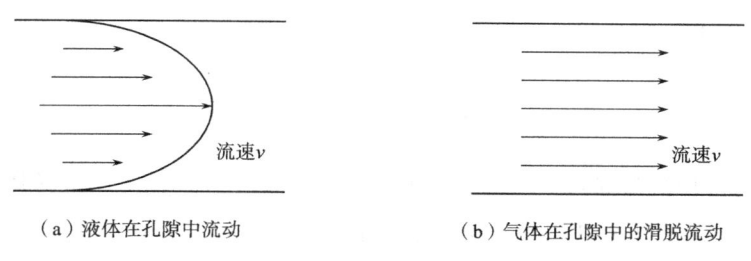

（a）液体在孔隙中流动　　　　　　（b）气体在孔隙中的滑脱流动

图1-4　液体、气体在孔隙中流动示意图

1.2.4.2　滑脱效应的表征

1934年克努森等通过对气体分子在多孔介质中的流动规律的研究发现，气体渗透率与气体分子平均自由程 λ 和多孔介质特征长度 D 密切相关，因此定义无量纲数 $K_n=\lambda/D$ 来判断气体在多孔介质中的流动是否需要考虑滑脱效应，并指出当 $K_n \leqslant 0.01$ 时，气体在多孔介质中的流动几乎和液体相同，滑脱效应可以忽略不计；当 $K_n \geqslant 0.01$ 时，气体在多孔介质中渗流受滑脱效应影响显著。该判别方法被国内外学者广泛采用[72-75]，K_n 数就成为判别气体流动时是否存在滑脱效应的一个重要依据。

1941年克林伯格将多孔介质孔隙等效为 n 个半径相同的微管，通过实验室试验和理论分析的方法研究了气测渗透率与液测渗透率的差异，给出了气测渗透率与液测渗透率之间的线性关系，并提出用克林伯格系数 b 来描述滑脱效应的强弱程度，即

$$k_g = k_\infty \left(1 + \frac{b}{\bar{p}}\right) \quad (1-1)$$

式中：k_g 为气体在平均孔隙压力为 $\bar{p}$ 时的气体表观渗透率；k_∞ 为气体的绝对渗透率，即气体在平均孔隙压力为无穷大时的渗透率。

埃尔金等[76]认为气体在孔隙中的流动受压力场和浓度场耦合作用影响。流动过程不仅包括压力场作用下的达西流，还包括浓度场下的菲克扩散，正是因为浓度场产生的菲克扩散的原因，使得气测渗透率大于液测渗透率。

由于克林伯格的滑脱表达式是达西定律的修正，形式简洁实用，所以在石油天然气

行业被广泛采用。

1.2.4.3 滑脱效应的测量

自从1941年克林伯格指出滑脱系数与渗透率密切相关以来，国内外学者分别从理论推导和实验室试验两方面展开了滑脱系数与绝对渗透率的关系研究。

在理论推导方面，克林伯格将多孔介质孔隙等效成 n 个半径相同的毛细管，给出了滑脱系数的表达式：

$$b = \frac{16c\mu}{r}\sqrt{\frac{\pi RT}{2M}} \tag{1-2}$$

式中：r 为多孔介质储层平均孔隙半径，m；c 为常数，无量纲，一般取0.9；μ 为气体黏滞系数，Pa·s；R 为普氏气体常数，J/（mol·K）；T 为温度，K；M 为气体摩尔质量，g/mol。

雷刚等[77]认为致密多孔介质储层孔隙结构具有分形特征，因此基于孔隙分形理论建立了考虑孔隙曲折分形与半径分形维数的多孔介质滑脱系数计算模型，其模型为

$$b = \frac{8\mu(3+D_T-D_f)}{\sqrt{8\tau(1-f)(4-D_f)(2-D_f)(2+D_T-D_f)}}\sqrt{\frac{\pi RT}{2M}}\left(\frac{k_\infty}{\varphi}\right)^{-0.5} \tag{1-3}$$

式中：D_f 为孔隙半径分形维数；D_T 孔隙曲折分形维数；τ 孔隙迂曲度；φ 为孔隙率；k_∞ 为多孔介质绝对渗透率。

实验室测量的滑脱系数与绝对渗透率的关系见表1-4[78-85]。

表1-4 滑脱系数与绝对渗透率关系

研究学者	滑脱系数与绝对渗透率关系	附注
海德[78]	$b=0.777k_\infty^{-0.39}$	
琼斯（1972）[79]	$b=6.9k_\infty^{-0.36}$	
琼斯（1987）[80]	$b=16.4k_\infty^{-0.382}$	k_∞ 的单位为mD，国外 b 的单位为atm。国内 b 单位为MPa。琼斯指出绝对渗透率 k_∞ 的指数代表了孔隙的形态，指数越接近0.5表明喉道半径越接近于圆形，接近0.33表明孔隙接近于裂缝
琼斯和欧文[81]	$b=0.86k_\infty^{-0.33}$	
吴英[82]	$b=0.914k_\infty^{-0.340\,1}$	
朱光亚[83]	$b=0.135k_\infty^{-0.524}$	
萨姆帕斯[84]	$b=0.095\,5\,(k_\infty/\varphi)^{-0.53}$	
姚约东[85]	$b\propto\sqrt{\varphi/k_\infty}$	

1.2.4.4 滑脱效应对气藏开发产能的影响

埃尔金等[76]首次研究了滑脱效应对油气藏产能的影响，研究指出滑脱效应对油气

藏最终采气量影响很大，考虑与不考虑滑脱效应的油气藏最终采气量相差30%左右。薛国庆等[86]针对低渗透气藏低速渗流时受到滑脱效应影响的渗流特征，建立了考虑滑脱效应的低渗低速非线性渗流数学模型，采用有限差分的方法进行数值求解，求解结果表明：滑脱效应使得累计产气量有所增加，这是因为滑脱效应的存在使得气体渗透率增大、渗流阻力减小，所以导致产气量提升。聂向荣等[87]应用保角变换原理，建立了考虑滑脱效应的压裂气井产能计算方程，应用该方程对压裂井的流入动态进行实例分析，研究指出：在生产压差相同时，滑脱效应越大，气井产气量也越大；在高压阶段，滑脱效应对气井产量影响不明显；在低压阶段，滑脱效应对气井产量影响显示，当滑脱系数从0.4MPa变为0MPa时，相对应的气井无阻流量降低了29%，因此在预测低渗透气藏压裂井产能时滑脱效应的影响不可忽略。谭苗等[88]指出由于极低的孔隙度和基质渗透率，低渗透性气藏受滑脱效应的影响更为突出，针对低渗透性气藏的这种特征，采用保角变换原理结合非线性渗流理论推导了考虑滑脱效应的气井产能方程，分析了滑脱系数及基质渗透率对气井产能的影响。研究结果表明：当生产压差相同时，气井产气量随滑脱系数的增加而增加，并且在低流压阶段，相同的井底流压下产气量曲线随滑脱系数的变化较大，此时滑脱效应对气井产气量影响较大；基质渗透率越小，滑脱系数越大，考虑滑脱效应与不考虑滑脱效应时气井的无阻流量之比 γ 值也越大，并且基质渗透率越低，γ 随滑脱系数的增加越快，说明气藏的基质渗透率越低，滑脱效应的变化对气井产能的影响越大；对于特低渗透气测 $b=0$MPa 与 $b=8$MPa 时，无阻流量差为 $3.1105\times10^4\mathrm{m}^3/\mathrm{d}$，其影响比一般的低渗透气藏更明显，滑脱效应更不能忽略。唐林等[89]引入新的拟压力函数，基于本体有效应力理论的应力敏感性影响，推导了考虑滑脱效应的低渗透气藏水平井产能方程，以某低渗透气藏为例，研究了滑脱效应对气井产能的影响。研究结果表明：当井底压力相同时，气井产气量随滑脱系数的增加而增大，在高流压阶段，气井产量随滑脱系数增加而增大的幅度不大，在低流压阶段，其影响效果较明显，当滑脱系数为0MPa、0.1MPa、0.5MPa、1.0MPa、2.0MPa时；考虑与不考虑滑脱效应的气井无阻流量之比分别增加了0.49%、2.44%、4.88%和9.77%。王德龙等[90]针对低渗透气藏渗流时受滑脱效应影响的特点，推导了考虑滑脱效应的气井产能方程，分析了滑脱效应对气井产能的影响，研究结果表明：随着滑脱系数的增加，气井产能增大；当滑脱系数为2MPa、4MPa、6MPa时，滑脱效应的存在使得气井无阻流量增加了11.14%、22.23%、33.27%。李冬瑶等[91]考虑了滑脱效应、二项式渗流效应以及地层损害等对气井产能的影响,推导了稳定渗流条件小的新二项式产能方程,分析了滑脱效应对直井和水平井产能的影响,研究结果表明:当生产压差相同时,直井和水平井产能都随滑脱系数的增加而增大;在高流压阶段滑脱效应对直井和水平井产能影响均不明显,但在低流压阶段,产能受滑脱系数影响较大,滑脱效应对直井与水平井影响程度不同,在同一条件下,水平井产能高于直井产能,随着滑脱系数的增加,两者差距越来越小,当滑脱系数足够大时,水平井与直井产能差别会很小。徐兵祥等[92]建立了考虑滑脱效应的稳态和拟稳态气井产能方程,并分析了滑脱效应对气井产能曲线的影响,结合2口井的实际试井资料,研究了滑脱效应对气井产能的影响。研究指出:滑脱系数为0.05MPa时,两口井的无阻流量分别为$19.92\times10^4m^3$、$15.94\times10^4m^3$,与不考虑滑脱效应时的无阻流量相比相对误差分别为4.5%和4.4%;当滑脱系数为0.1MPa时,两口井的无阻流量分别为$20.79\times10^4m^3$、$16.59\times10^4m^3$,与不考虑滑脱效应时的无阻流量相比相对误差分别为9.2%和8.9%。高树生等[93]在物理模拟研究滑脱效应的基础上,建立了考虑人工压裂和气体滑脱效应的气井产能公式,研究储层压力和滑脱系数对压裂气井产能的影响。研究结果表明:页岩储层在孔隙压力小于10MPa时,滑脱效应对气体渗流影响较大,而在孔隙压力大于10MPa时,滑脱效应对产能的影响不明显;滑脱效应对浅部页岩气井产能影响很大,对中深部页岩气井产能存在一定影响,对深层页岩气影响几乎可以忽略。考虑与不考虑滑脱效应的气井无阻流量比值δ与滑脱系数呈线性关系,滑脱系数b越大,供给边界压力越小,δ越大,滑脱效应对气井产能影响越大;当供给边界压力小于5MPa时,δ受滑脱系数影响较大,当供给边界压力大于10MPa时,δ受滑脱系数影响不大。滑脱系数越大,供给边界压力越小,考虑与不考虑滑脱效应的生产压差差值之比ε越大,当供给边界压力小于5MPa时,ε受滑脱系数影响较大,当供给边界压力大于10MPa时,ε受滑脱系数影响较小。熊健等[94]利用保角变换和镜像反应方法推导了考虑滑脱效应和启动压力梯度的水平井产能计算模型,研究了滑脱效应、启动压力梯度和压力平方差对产气量和产气指数的影响。研究结果表明:随着压力平方差的增大,滑脱效应对产气指数的影响越来越大,启动压力对产气指数的影响呈先快速增大后平缓变化的趋势,同时考虑滑脱效应和启动压力时,在压力平方差较小时,产气指数变化与启动压力梯度变化趋势相同,此时滑脱效应的影响小于启动压力;当压力平方差较大时,产气指数变化与滑脱效应变化趋势相同,此时滑脱效应的影响大于启动压力。肖晓春等[95]采用实验室试验的手段研究了滑脱效应和煤基质收缩效应对低渗透煤层气藏渗流规律的影响。研究指出：在低孔隙压力阶段，气体渗流以滑脱效应为主，受滑脱效应影响显著，随着孔隙压力的升高，滑脱效应减弱。田冷等[96]在页岩气藏压裂水平井三线性流模型的基础上，考虑了滑脱效应对页岩气渗透率的影响，建立了考虑滑脱效应的页岩气产能模型，采用全隐式有限差分和牛顿-拉普森迭代法对模型进行数值求解，分析了滑脱效应对页岩气井无因次产量递减曲线的影响。研究结果表明：当页岩基质孔隙直径小于 20nm 时，滑脱效应造成的产量增加幅度为 5%~25%。任飞等[97]建立了页岩在双孔介质中渗流的数学模型，通过有限差分的方法求解了不同滑脱因子下的井底响应压力，研究结果显示，随着滑脱因子的不断增大，井底压力下降得越来越慢。许进进等[98]以物质守恒为基础，建立了考虑滑脱效应的火山岩气藏渗流数学模型，以 XS 气田相关参数为例，研究了滑脱效应对定压边界、封闭边界条件下稳产天数、采气量等的影响。研究结果表明：在定压边界条件下的稳产天数较封闭边界高，考虑滑脱效应时，两者相差达到 173.5d；不考虑滑脱效应时，两者相差 85.77d；相同外边界条件下，稳产期采气量、稳产期采出程度、总累计产气量以及最终采收率与压力变化具有相同规律，考虑滑脱效应时的相关生产开发指标高于不考虑滑脱效应时的值。

熊健[99]、张烈辉[100]、何军[101]、邱先强[102]、李彦尊[103]等国内外相关的专家学者分别从不同的角度研究了滑脱效应对气藏产能、井底压力等相关参数的影响[104-111]，其研究均认为滑脱效应对低渗透性气藏的影响不可忽视，但其研究中均将滑脱系数视为固定常数，忽略了滑脱效应的变化。

1.2.5 层间窜流及其对产能的影响

1.2.5.1 层间窜流的产生机理

在多层油气藏开发过程中，产层压力持续降低，在某段时间或某一局部范围内，由于各产层特性的差异，出现压力差异衰减现象，导致不同产层之间压力不均衡产生层间压差，当各产层之间有一定的连通性时，在层间压差的驱动下，油、气等流体从高压力层流向低压力层，形成多层油气藏层间的窜流[112]。多层油气藏层间窜流机理与基质-裂隙间窜流类似[113]，即压差作用下流体在不同孔隙空间的跃变流动。

1.2.5.2 层间窜流的表征

不同油气藏在开发过程中层间的窜流能力差异显著，阿里·阿杰米[114]等人提出用层间窜流系数来表征流体在层间窜流的难易程度，并给出了层间窜流系数的表达式：

$$\lambda = \sigma r_w^2 \frac{k_{v2}}{\frac{k_1 h_1 + k_2 h_2}{h}} \tag{1-4}$$

式中：σ 为形状因子；r_w 为井筒半径；k_1、k_2 分别为 1、2 储层的水平渗透率；k_{v2} 为 2 储层的垂向渗透率；h_1、h_2 分别为 1、2 储层的厚度。

高承泰等[115,116] 在半透壁模型中通过半透率表征流体在层间窜流的能力，无因次半透率的计算公式为

$$\overline{A_1} = \frac{2(b/h_1)^2 \varepsilon}{1 + \frac{k_1}{k_2}\frac{h_2}{h_1} + \frac{\sigma}{\sigma_1}} \tag{1-5}$$

式中：b 为线性油藏的长度；k_1、k_2 分别为 1、2 储层的水平渗透率；h_1、h_2 分别为 1、2 储层的厚度；ε 为垂向渗透率与水平渗透率之比；σ 为两储层之间隔层壁阻；σ_1 为 1 储层的壁阻。层间窜流系数是影响多层油气藏相邻层间窜流过程的关键参数，不同类型储层的层间窜流系数变化较大，范围一般在 $10^{-7} \sim 10^{-3}$ 之间[117]，其主要受储层压力、渗透率、孔隙度、层厚等参数的影响[118]。

1.2.5.3 层间窜流对多层油气藏开发的产能影响

目前，对层间窜流的研究主要集中在层间窜流理论模型推导及求解方面。1962 年罗塞尔首次建立了考虑层间窜流的两层油藏渗流模型来预测产层压力的动态变化与产量，但该模型只适用于双层均质储层，局限性较大[119,120]。塔拉[121]、库丘克[122]、黄[123] 等人考虑了天然裂隙对储层窜流的影响，建立了适用于多层双重介质储层的渗流模型，但该模型过于复杂，数学求解困难。针对多层油藏中渗流模型数学处理困难的问题，高承泰提出将垂向流动的阻力集中于层间壁面的假设，并建立了多层油藏层间窜流的半透壁模型，大大简化了求解过程中的数学计算[120]。之后孙贺东等[124-127] 对半透壁模型又做了进一步的改进，克服了初始半透壁模型只适合于微可压缩流体（水、石油等），不能直接应用于具有高压缩性的天然气的缺点。大量对有无层间窜流的对比研究指出，多层油气藏相邻层窜流效应能够提高经济效益，缩短油藏的开发时间，提高最终采收率，日产油量可提高 6%~24%[120]。

窜流系数或半透率的大小影响窜流出现的时间及窜流量的大小。张烈辉等人[128] 的研究表明层间窜流系数影响试井压力曲线第一个"凹子"出现的早晚，窜流系数越小，第一个"凹子"出现得越晚，"凹子"出现得越晚发生层间窜流的时间越晚。半透率的

变化对早期的窜流量影响较小，对后期窜流量的影响十分明显，顾岱鸿等[129]在研究地层系数、储容系数及层间半透率对产气量的影响时发现，半透率一定时窜流量随时间的增长大致呈现指数变化规律，同一时刻窜流量随半透率的增加线性增大。半透率的变化还会影响到分层产气量，当层间半透率较大时，分层产气量比例偏离储容系数的比例，高渗层产气量比例要高于其自身的储容系数比例，低渗层恰恰相反。

张美红[130]以晋城寺河矿和古交马兰矿煤系地层为研究对象，研究了煤层气抽采时层间窜流对煤层气抽采的影响。研究指出在抽采工作开始的一段时间后，随着煤储层中煤层气压力降低范围的扩大，煤系地层相邻气源岩层——泥岩层中的煤层气开始向煤层中产生层间窜流现象，并对煤层钻孔中煤层气抽采量产生一定的影响。通过对是否考虑层间窜流的两种情况下的数据对比分析可看出：抽采工作进行一段时间后在考虑层间窜流的情况下，两矿在任意时刻顺煤层钻孔附近压力值均高于未考虑层间窜流的情况。且在瓦斯抽采初始的一个月之内，相对于未考虑层间窜流的情况而言，马兰 8 号煤瓦斯抽采钻孔附近压力提高了 1.8%；晋城 3 号煤瓦斯抽采钻孔附近压力提高了 1.9%。且随着抽采时间的延长，大约在瓦斯抽采工作进行三个月之后，相对于未考虑层间窜流的情况而言，马兰 8 号煤瓦斯抽采钻孔附近压力提高了 4.8%；晋城 3 号煤瓦斯抽采钻孔附近压力提高了 7.8%。在考虑层间窜流的情况下，层间窜流作用对于晋城 3 号煤的影响较马兰 8 号煤开始的时间早且初期层间窜流量大。但随着煤层气抽采时间的延长，此影响呈现先增大后减小的趋势。这是由于在煤层气抽采过程初期，对于渗透率较高的煤储层而言，抽采钻孔附近的煤层气压力下降较快，且抽采过程中影响到相邻气源岩层的时间较早。而煤系地层中相邻气源岩层中压力差值一旦发生变化，就会产生层间窜流现象。煤系地层内部的压力差随着煤层气抽采时间的延长而逐渐增大，而层间窜流量也会随之逐渐增大。但随着煤层气抽采工作的进一步继续，在相同的抽采负压及储层初始压力的情况下，对于渗透率较高的煤储层而言，储层中压力下降到残余孔隙压力的时间也要早于渗透率较低的煤储层，加之相邻气源岩层——泥岩层渗透率低等储层物性参数的原因，导致层间窜流量逐渐降低。但总体而言，通过数值模拟可知，在实际的煤层气抽采过程中，煤系地层中相邻气源岩层的窜流作用将有利于延长煤层气抽采钻孔的稳定期。

1.2.6 考虑动态滑脱效应和层间窜流的油气渗流模型

1.2.6.1 考虑滑脱效应的单层气藏渗流模型

低渗透地层中的流体渗流是当前渗流力学发展的重要领域，是应用性很强的基础性研究。目前，针对低渗透地层中渗流理论及模型的研究大多集中在液体渗流，考虑滑脱效应的气体渗流理论及模型的研究主要有如下几种。

李铁军等[131]分析指出低渗透性气藏与常规气藏不同，其具有储层致密、渗透率低和滑脱效应影响显著等特征，采用常规气藏的渗流模型研究低渗透性气藏往往得不到理想效果，因此，结合气体运移运动方程、状态方程及质量守恒方程建立了考虑滑脱效应的低渗透性气藏渗流数学模型：

$$\frac{\partial \rho}{\partial t} = A(p) \frac{1}{r} \frac{\partial}{\partial r}\left(r \frac{\partial \rho}{\partial r}\right) + B(p) \left(\frac{\partial \rho}{\partial r}\right)^2 \qquad (1-6)$$

式中：$A(p) = \frac{a^2 p \varphi(p) Z(p)}{Z(p) - p Z'(p)}$；$B(p) = a^2 \left[\varphi(p) + \frac{p \varphi'(p) Z(p)}{Z(p) - p Z'(p)}\right]$，$a^2 = \frac{K}{\mu_g \varphi}$，$\varphi(p) = 1 + \frac{b}{p}$，$p$ 为气藏压力，MPa；b 为滑脱系数，MPa；t 为生产时间，d；r 为气藏半径，m；μ_g 为天然气黏度，MPa·s；φ 为孔隙率，无因次；K 为岩石绝对渗透率，$10^{-3}\,\mu m^2$。

通过对模型中的系数、内外边界条件等进行处理，采用牛顿迭代法求解了川中 1 口井井底流压曲线，研究发现考虑滑脱效应后的井底流压曲线较不考虑的与实测数据符合度更好。

薛国庆等[86]指出气体在低渗透气藏渗流时受滑脱效应和启动压力梯度两方面的影响，因此结合吴凡等提出的启动压力计算公式：

$$\theta = \frac{\left|\frac{c}{a} + p_0^2\right|^{\frac{1}{2}} - p_0}{L} \qquad (1-7)$$

式中：a 为通过岩芯的渗流速度与岩芯进出口端压力平方差的斜率；c 为通过岩芯的渗流速度与岩芯进出口端压力平方差的截距；p_0 为岩芯出口端压力，MPa。

拉什[132]给出滑脱系数 b 计算公式

$$b = 38\left(\frac{K}{1 - S_w}\right)^{-0.45} \qquad (1-8)$$

式中：K 为绝对渗透率，mD；S_w 为含水饱和度，无因次。

建立了考虑滑脱效应和启动压力的低渗低速非线性渗流数学模型：

$$v_g = -\frac{K\left(1 + \frac{b}{\bar{p}}\right)}{\mu_g}(\nabla p_g - \gamma_g \nabla D)\left(1 - \frac{\theta_g}{|\nabla p_g - \gamma_g \nabla D|}\right) \quad |\nabla p_g - \gamma_g \nabla D| > \theta_g \qquad (1-9)$$

对建立的渗流模型采用有限差分的方法进行数值求解,求解结果表明:滑脱效应使得累计产气量有所增加,这是因为滑脱效应的存在使得气体渗透率增大、渗流阻力减小,所以导致产气量提升。

杨凯等[133]指出气藏的开发过程是流体渗流与地层岩石变形动态耦合的过程,低渗透性气田的耦合作用比中~高渗透性气藏更为强烈,并且受滑脱效应和应力敏感性的影响,气体在低渗透性气藏渗流时不再遵循线性达西定律,而是一个非线性渗流。综合考虑储层应力敏感和滑脱效应的影响对气体的渗流速度进行修正,建立了低渗透气藏流固耦合渗流数学模型:

$$\frac{\mathrm{d}e}{\mathrm{d}t} = \varphi_0 \exp[-\alpha_p(p_{-p})](C + \alpha_p)\frac{\partial p}{\partial t} - \nabla\left\{\frac{k\left(1 + \frac{b}{\bar{p}}\right)\exp[-\alpha_k(p_0 - p)]}{\mu}(\nabla p - \mathrm{grad}p)\frac{1}{\varphi}\right\} - \frac{q}{\rho}(\lambda + 2G)\nabla^2 e = \alpha \nabla^2 p \quad (1-10)$$

式中:e 为体积应变,无量纲;φ 为孔隙率,无量纲;α_p 为岩石变形对孔隙度的影响系数,MPa^{-1};α_k 为岩石变形对渗透率的影响系数,MPa^{-1};C 为气体压缩系数,MPa^{-1};k 为绝对渗透率,$10^{-3}\mu m^2$;p 为压力,MPa。

任飞等[97]等指出页岩是一种典型的双重孔隙介质,气体在不同尺度孔隙中流动的规律及机理不同,并且气体在页岩中流动受滑脱效应影响显著。因此在深入分析页岩渗流机理的基础上建立了考虑滑脱效应的页岩在双孔介质中的渗流数学模型。

页岩气在裂缝中的渗流方程:

$$\frac{3.6\alpha p_m K_m}{\mu Z}(p_m - p_f) + \nabla\left[\frac{3.6K_f p_f}{\mu Z}\left(1 + \frac{b}{\bar{p}}\right)\nabla p_f\right] = \frac{p_f \varphi_f C_{tf}}{Z}\frac{\partial p_f}{\partial t} \quad (1-11)$$

页岩气在基质中的渗流方程:

$$\left[\varphi_m C_m + \frac{V_L p_L ZRT}{p_m M(p_L + p_m)^2}\right]\frac{\partial p_m}{\partial t} + \frac{3.6\alpha K_m}{\mu}(p_m - p_f) = 0 \quad (1-12)$$

式中:C_{tf} 为裂缝综合压缩系数,MPa^{-1};K_f 和 K_m 分别为裂隙渗透率和基质渗透率,mD。

采用有限差分的方法求解了不同滑脱因子下的井底响应压力,研究结果显示,随着滑脱因子的不断增大,井底压力下降越来越慢。

赵金洲[134]、许进进[98]、肖晓春[70,95]、覃建华[135]、苗顺德[136]、张春会[137]、张小龙[138]、吴小庆[139] 等国内外相关的专家学者分别从不同的角度建立了考虑滑脱效应的低渗透气藏渗流模型，研究了滑脱效应对气体流动的影响，结果表明滑脱效应的存在增加了气体的流动能力，滑脱系数越大滑脱效应对气体流动能力影响越大，但目前的研究均采用固定滑脱系数，实际上受有效应力和基质收缩影响，滑脱系数并非固定常数，煤系气开采时滑脱系数的变化规律及相应的考虑动态滑脱系数煤系气渗流模型尚属空白。

1.2.6.2 考虑层间窜流的多层油气藏渗流模型

多层油气藏渗流模型的研究始于20世纪60年代。1961年，勒夫科维茨[140] 首次给出了无层间窜流的多层油藏流动模型：

$$\frac{p_i - p_w(t)}{qT\mu/4\pi\bar{k}\bar{b}} = 4\frac{r_w^2}{r_e^2}t_D + 2\left(\ln\frac{r_e}{r_w} - \frac{3}{4}\right)\frac{\left(1 + \frac{k_2 b_2}{k_1 b_1}\right)\left[\left(\frac{b_1\varphi_1}{b_2\varphi_2}\right)^2 + \frac{b_1 k_1}{b_2 k_2}\right]}{\left(1 + \frac{b_1\varphi_1}{b_2\varphi_2}\right)^2} + \frac{Y(t)}{qT\mu/4\pi\bar{k}\bar{b}}$$

(1 – 13)

式中：q 为产气速率，m^3/s，$q = q_T\frac{\varphi_1 b_1}{\varphi_1 b_1 + \varphi_2 b_2} + Z_1(t)$；$r_w$ 和 r_e 分别为井筒半径和有效半径，m；$\bar{k}$ 为等效平均渗透率，mD，$\bar{k} = (k_1 b_1 + k_2 b_2)/(b_1 + b_2)$；$k_1$ 和 k_2 分别为1层和2层渗透率，mD；b_1 和 b_2 分别为1、2层厚度，m；$\bar{b}$ 为等效平均厚度，m，$\bar{b} = b_1 + b_2$；p_i 为第 i 层的储层压力，MPa；$p_w(t)$ 为 t 时刻的井底压力，MPa；t_D 为拟时间函数，$t_D = \bar{k}t/\bar{\varphi}\mu c r_w^2$；$\bar{\varphi}$ 为等效平均孔隙率，$\bar{\varphi} = (\varphi_1 b_1 + \varphi_2 b_2)/(b_1 + b_2)$。

针对特定地层条件对模型进行数值求解，分析了井底压力和各层产量的变化情况，研究指出在生产初期渗透率高的储层对产能贡献较大，当生产一定时间后两层对产能的影响区域相近。

罗塞尔[141,142] 在勒夫科维茨研究的基础上根据质量守恒和恒压解原理，并结合半稳态流时的近似表达式（1-14），给出了多层合采定产量生产时的井底压力解（1-15）。

$$q = \frac{2\pi(p_i - p_w)(kh)_T}{\mu(\ln r_{eD} - 0.75)}e^{-\frac{ak_1 t}{\varphi_1\mu r_w^2}}$$

(1 – 14)

$$p_{wf} = p_i - \frac{162.6q\mu B}{(kh)_T}\left[\log\frac{(kh)_T t}{(\varphi h)_T c\mu r_w^2} - 3.23\right]$$

(1 – 15)

塔拉等[143] 提出了综合考虑含有层间窜流、井筒储集效应和表皮效应的多层油藏渗流模型，但该模型过于复杂，求解困难。在此后很长一段时间内多层油气藏渗流问题的研究工作没有得到较大发展。

1984 年，高承泰[144,145] 在研究多层油藏渗流机理时提出半透壁模型：

$$\Delta \cdot (K_i \nabla p_i) - \frac{1}{h_i}[A_{i-1}(p_i - p_{i-1}) + A_i(p_i - p_{i+1})] = 0, \quad i = 1, 2, \cdots n$$

(1-16)

式中：A_i、A_{i-1}、A_{i+1} 为第 i、$i-1$、$i+1$ 层半透率。

该模型使多层油气藏渗流问题得到大大的简化，自此考虑层间窜流的多层油气藏渗流模型的研究工作有了进一步发展。高承泰首先利用半透壁模型研究了层间窜流对不稳定试井的影响，研究给出了多层油藏产生层间窜流的原因，得出有层间窜流的多层油藏不可压缩单相流和径向流的分析解，研究了因边界两侧压力差异和渗透率突变引起的层间窜流的特点及其对产量的影响，并指出若半透壁壁阻不太大，层间越流只在边界和渗透率变化处附近显著；层间越流在单向流时以指数函数的形式随距离递减，在径向流时以贝塞尔函数形式随距离递减；多层系统有越流时的总流量总是不小于无越流情形。

孙贺东[146] 研究指出高承泰提出的半透壁模型仅适用于微可压缩流体的不足，通过理论分析建立了适用于可压缩气体的改进半透壁模型：

$$\frac{1}{r_D}\frac{\partial}{\partial r_D}\left(r_D \frac{\partial \varphi_{Dj}}{\partial r_D}\right) - \frac{1}{W_{Dj}}[A_{Dj-1}(\varphi_{Dj} - \varphi_{Dj-1})] + A_{Dj}(\varphi_{Dj} - \varphi_{Dj+1}) = \frac{\omega_j}{W_{Dj}}\frac{\partial \varphi_{Dj}}{\partial t_{aD}}$$

(1-17)

式中：t_{aD} 为拟时间函数，$t_{aD} = \mu_0 C_{g0} \int_0^t \frac{1}{\mu C_g} dt$；$\varphi_{Dj}$ 为拟压力函数，$\varphi_{Dj} = p_0 + \frac{\mu_0}{\rho_0}\int_{p_0}^{p_j} \frac{\rho_j}{\mu_j} dp$。

对建立的模型利用有限差分的方法编制了模拟试井程序，模拟研究了气井井底压力曲线特点，并利用该曲线进行了试井解释。研究结果表明在生产初期，打开层的压力开始下降，层间越流尚未对压力产生明显影响；随着时间的增加，打开层与未打开层的压差逐渐增加，这时开始出现越流的影响，打开层的压降速度放缓，未打开层由于越流的存在压力开始下降；从此之后，两者的压力以相同的速度下降，此时打开层段与未打开层段的压降曲线平行，两者压差保持恒定。在流动早期，越流速度都是正值，越流速度随时间的增大不断变大，在后期开始出现负值，并达到稳定。

布尔代等[147] 根据多层油气藏压力和压力的导数讨论了多层油气藏渗流行为，并建立了多层油气藏渗流模型：

$$\begin{cases} \kappa \nabla^2 p_{1D} = \omega \frac{\partial p_{1D}}{\partial t_D} - \lambda(p_{2D} - p_{1D}) \\ (1-\kappa)\nabla^2 p_{1D} = (1-\omega)\frac{\partial p_{2D}}{\partial t_D} + \lambda(p_{2D} - p_{1D}) \end{cases}$$

(1-18)

式中：p_{1D}、p_{2D} 为拟压力，$p_{1D,2D} = \frac{k_1h_1+k_2h_2}{\alpha_p qB\mu}(p_{1,2}-p)$；$t_D$ 为拟时间，$t_D = \frac{\alpha_t(k_1h_1+k_2h_2)t}{[(\varphi c_t h)_1+(\varphi c_t h)_2]\mu r_w^2}$；$\kappa$ 为等效渗透率，$\kappa = \frac{k_1h_1}{k_1h_1+k_2h_2}$。

采用拉普拉斯变换，对模型进行数值求解，研究多层气藏和单层气藏井底压力响应情况，研究结果显示多层气藏发生拟稳态时间与单层气藏差异较大，且多层气藏发生拟稳态时间较长。

贾永禄[148,149]等人发现布尔代采用真实井径建立的具有层间窜流和不具层间窜流双层油藏 Flopetrol Johnston 模型在表皮系数为负时，数值反演计算极不稳定，其样板曲线与实际情况不符。针对这一问题，提出采用有效井径替代真实井径，并推导出了一个两层油藏具有窜流的压力动态分析新模型——有效井径双渗模型（1-19）。计算结果表明：该模型在表皮系数为正时，计算结果与 Bourdet 模型完全一致；当表皮系数为负时，有效井径模型表现出良好的计算稳定性，扩大了模型应用范围。

$$\begin{cases} K\nabla^2 p_{1D} = (k/C_D e^{2S})\frac{\partial p_{1D}}{\partial(t_D/C_D)} - \lambda e^{-2S}(p_{2D}-p_{1D}) \\ (1-K)\nabla^2 p_{2D} = (1-k)/C_D e^{2S}\frac{\partial p_{2D}}{\partial(t_D/C_D)} + \lambda e^{-2S}(p_{2D}-p_{1D}) \\ p_{1D}(r_D,0) = p_{1D}(r_D,0) = 0 \\ \lim_{r_D\to\infty} p_{1D}(r_D,t_D/C_D) = \lim_{r_D\to\infty} p_{2D}(r_D,t_D/C_D) = 0 \\ p_{1D} = p_{2D} \quad (r_D=1) \\ \frac{dp_{wD}}{d(t_D/C_D)} - \left[K\frac{\partial p_{1D}}{\partial r_D} + (1-K)\frac{\partial p_{2D}}{\partial r_D}\right]_{r_D=1} = 1 \end{cases} \quad (1-19)$$

式中：r_D 为基于有效井径的无因次径向距离，m，$r_D = \frac{r}{r_{we}} = \frac{r}{r_w e^{-S}}$；$p_{1,2D}$ 为第一、二层无因次压力，$p_{1,2D} = \frac{(k_1h_1+k_2h_2)(p_i-p_{1,2})}{1.842\times10^{-3}qB}$；$t_D$ 为无因次时间，$t_D = \frac{3.6(k_1h_1+k_2h_2)t}{[(hC_th_1)+(hC_th_2)]r_w^2}$；$K$ 为地层渗透能力比，$K = \frac{k_1h_1}{k_1h_1+k_2h_2}$；$\lambda$ 为窜流系数，$\lambda = \frac{Tr_w^2 k_2h_2}{k_1h_1+k_2h_2}$；$k$ 为弹性容储比，$k = \frac{hC_th_1}{hC_th_1+hC_th_2}$；$C_D$ 为无因次井筒储存系数，$C_D = \frac{C}{2\pi[(hC_th_1)+(hC_th_2)]r_w^2}$。

顾岱鸿等[129]指出多层合采理论的研究多偏重于试井理论，重点在于对各层地层参数的求取，而对多层合采油气井的产量变化规律及其影响因素分析较少，因此在分析靖边气田层间非均质性及气藏产状的基础上,基于前人建立的不考虑层间窜流和考虑层间窜流的多层致密气藏渗流模型,采用 Matlab 软件对模型进行求解,对比分析了两种模式下分层产量变化规律。研究指出:当半透壁率很低时,分层产量的变化规律和无层间窜流时的规律相同,即渗流早期分层产量变化与地层系数成正比,渗流晚期分层产量与储容系数成正比;当层间半透壁率较大时,垂向上存在窜流,分层产气量比例偏离储容系数的比例,高渗层产气量比例要高于其自身的储容系数比例,而低渗层的产气量比例要低于其自身的储容系数比例;当半透壁率很大时可以看出,后期分层产气量比例越接近地层系数比例。罗塞尔和普拉特[141,142]研究了层间窜流对两层气藏气体流动的影响,研究指出在初始阶段,两层气藏流动类似于两个单一无层间窜流气藏流动;在气藏开采后期,气体在两层气藏中的流动类似于一整个气藏;层间窜流的影响发生在两层气藏开采初期。帕克等[150]对具有层间窜流的多层油藏做了试井分析,指出初始渗透率和最后的表皮因子决定了层间窜流的方向,建立了具有层间窜流的多层油藏井底压力动态模型。戴榕菁等人[151]针对无穷大的外边界条件,考虑有越流的多层油藏,在定压的生产情形下,利用 Weber 变换方法,推导出了压力分布函数的解析解,并且绘制出了它的图像。张烈辉等[128]人考虑层间窜流,建立了双孔双层油藏数学模型,并且应用 Matlab 软件以及结合史蒂芬数值反演公式进行编程,对井底流压的典型曲线进行了绘制。成双华等[152]根据具有窜流的多层合采气井产能的地层模型,建立了考虑井筒储系数、表皮效应和应力敏感性影响的井口定产和井底定压情形下的多层合采气井渗流数学模型。研究指出:气井定产量生产时,大部分层位的窜流量基本上呈现先增大,再减小的趋势,最后各层窜流量趋于稳定。

此外,国内外学者拉森[153,154]、梅弗[155]、贝多[156]、亚特米克[157]、维尔加[158]等也对多层油气藏渗流模型做了大量相关研究。其研究成果主要集中于试井分析,研究多层气藏井底压力变化规律,进而求取储层参数,对层间窜流对多层油气藏储层压力及产能变化规律研究较少,多层气藏渗流规律的准确掌握、产能的精准预测是多层气藏合采的前提与保障,因此亟须深入研究多层气藏渗流规律,建立准确的产能预测模型,实现多层气藏精细化开发。

1.3 存在的问题与发展趋势分析

（1）单一储层气体滑脱效应研究存在的问题及发展趋势

滑脱系数是表征滑脱效应强弱的关键指标。从克林伯格给出的滑脱系数计算公式及研究现状分析中不难发现，滑脱系数与储层的孔隙结构密切相关，当孔隙结构发生变化时，其滑脱系数也随之发生变化。在煤系气抽采时，孔隙压力降低会引起煤系储层的有效应力变化和基质收缩效应，基质收缩和有效应力变化使得煤系气储层孔隙半径变化，进而影响煤系气储层滑脱效应；滑脱效应变化又会引起储层内气体流动速度的变化，反过来影响基质收缩和有效压力的变化。目前煤系气储层渗流时大都将滑脱系数视为常数，忽略了滑脱系数的动态变化。对于高渗透性储层而言，孔隙半径较大，滑脱系数较小，动态滑脱效应的影响可以忽略不计，但对于低渗透性储层，其孔隙半径较小，滑脱系数较大，动态滑脱效应的影响较大。低渗透性是我国煤系气储层的基本特征，研究煤系气的渗流规律对动态滑脱效应的影响不容忽视。因此，滑脱效应动态演化规律及机理的研究亟须展开。

（2）复合储层煤系气运移机理研究存在的问题及发展趋势

煤系气在复合储层中的运移受层间窜流和层内动态滑脱流两方面影响。目前关于层间窜流的研究主要集中于常规油气藏，对于非常规气藏的研究较少；关于层内动态滑脱流的研究主要集中于单一气藏，对于多层复合气藏的研究较少。煤系复合储层属于多层非常规气藏，其运移机理及运移模型的研究鲜有报道。受层间物性差异及低渗透性的影响，复合储层煤系气合采时既存在层内动态滑脱流也存在层间窜流。层间窜流使得层内径向压差发生变化，影响层内动态滑脱流；层内动态滑脱流的变化使得层间垂向压差发生变化，反过来影响层间窜流，在整个过程中两者耦合作用。但是层间窜流与层内滑脱流是如何互相影响的，其耦合作用过程及机理的研究尚属不明确，有待进一步研究。

（3）复合储层煤系气合采时压力分布规律研究存在的问题及发展趋势

目前对于多层复合气藏合采时压力分布规律的认识仍局限于常规气藏，非常规气藏压力分布规律的研究还是以单一气藏为主。复合储层煤系气藏是一种多层非常规气藏，合采时受层间窜流与层内动态滑脱流耦合作用的影响，其压力分布规律与多层常规气藏和单层非常规气藏不同。清楚地了解复合储层煤系气合采时的压力分布规律是煤系气高效开发的基础。因此，复合储层煤系气合采时的压力分布规律有待进一步研究。

（4）复合储层煤系气合采产能预测存在的问题及发展趋势

多层合采可以有效的提高单井产气量、储量动用程度及气藏开发效率，但目前对非常规气藏的研究仍主要集中在单一气藏，对复合气藏的研究较少，尤其是煤系地层中的煤系复合储层更是鲜有报道。受层间窜流与层内动态滑脱流耦合作用影响，煤系气在复合储层中的运移过程比单一储层复杂的多，其产气量预测存在一定的困难，需要进一步研究。

1.4　研究内容及技术路线

针对研究现状、存在问题、发展趋势和煤系气复合储层的赋存特征，采用理论分析、实验室试验和数值模拟的方法，本书拟重点研究煤系气层内流动时滑脱系数的动态演化机理及规律、煤系气合采时层内动态滑脱流与层间窜流耦合作用机理及规律。具体研究内容为：

① 资料收集、调研，选取典型的具有复合储层结构的煤系地层，分析地层的基本地质情况；现场取样，对储层基本参数进行实验室试验，测试煤系地层吸附性、渗透性、围岩物性等。

② 研究有效压力和基质收缩对滑脱系数的影响。分析孔隙压力变化引起的有效压力变化及吸附-解吸引起的基质收缩效应对煤系气储层孔隙结构的影响，以假设体积不变为基础，基于 MATCHSTICK 模型，建立煤系气储层在孔隙压力降低过程中孔隙率的动态变化规律；以孔隙率的变化为桥梁，建立滑脱系数随孔隙压力变化关系的数学模型；基于滑脱系数动态演化模型，分析孔隙压力、地层温度等对滑脱系数的影响。

③ 建立考虑层间窜流和动态滑脱流耦合作用的复合储层煤系气运移模型。分析复合储层煤系气合采时煤系气运移过程及机理，以垂向平衡假设、等效窜流层假设为基

础，建立复合储层煤系气合采时的控制层内流动的层内动态滑脱流方程和控制层间窜流的等效窜流层流动方程，结合复合储层煤系气合采时的初始条件、内外边界条件等，建立考虑层间窜流和层内动态滑脱流耦合作用的煤系气合采渗流模型。

④ 研究复合储层煤系气合采时压力分布及变化规律。基于建立的复合储层煤系气运移模型，采用 COMSOL 数值模拟软件进行数值求解，研究层间窜流、层内动态滑脱流及其耦合作用对复合储层煤系气合采时压力分布规律的影响及随抽采时间、初始渗透率、层间渗透率比等因素的变化规律。

⑤ 煤系气合采层间窜流与层内动态滑脱流耦合作用模型在现场中的应用。以山西某矿典型的煤系气复合储层为例，对山西某矿煤系复合储层煤系气采用多层合采和单一开采煤层气两种开发方式时的产能进行预测，并分析层间窜流、层内动态滑脱流及其耦合作用对复合储层煤系气合采的产能预测的影响，实现复合储层煤系气合采产能的准确预测。

技术路线如图 1-5 所示。

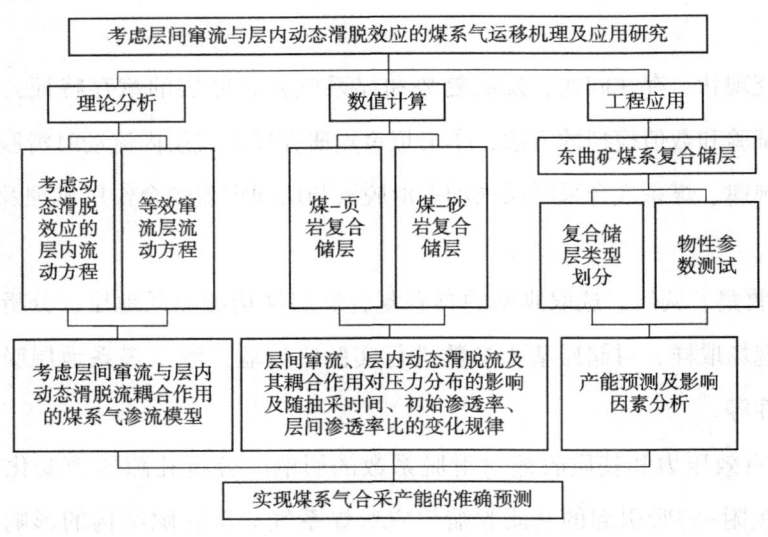

图 1-5　技术路线图

第 2 章
单一储层气体滑脱效应的动态演化机理及规律研究

  我国煤系气储层通常具有低渗透性的特点，气体在低渗透气藏渗流时滑脱效应的影响不可忽略。滑脱系数是表征滑脱效应强弱的关键指标，目前的研究结果指出滑脱系数大小与储层孔隙结构密切相关。在煤系气抽采时，受有效应力和基质收缩效应影响，储层孔隙结构时刻发生变化，进而导致其滑脱系数也时刻发生变化。因此，本章在分析滑脱系数影响因素的基础上，研究孔隙压力降低过程中滑脱系数的动态演化机理；以体积不变假设、火柴棍模型为基础建立滑脱系数动态演化模型，并分析煤系气抽采时滑脱系数的动态变化规律；基于滑脱系数动态演化模型建立考虑动态滑脱效应的气体渗透率预测模型；以山西某矿煤系气储层为对象，采用实验室试验验证模型的正确性及优越性。为深入研究考虑层间窜流与层内动态效应的煤系气运移机理奠定基础。

2.1 滑脱效应的动态演化机理

▶▶▶ 2.1.1 滑脱效应的影响因素分析

滑脱效应的影响因素十分复杂，目前现有的研究指出影响滑脱效应的主要因素有渗透率、孔隙压力、围压、温度等[159]。

储层渗透率越低，滑脱系数越大，滑脱效应越明显。陈国宏等[160]选用氮气为测试气体，测试了渗透率 0.922 8mD～142.77mD 七块岩性的滑脱系数，研究指出气体滑脱系数与岩性渗透率平方根成反比。朱亚光等[83]通过对 32 块低渗透性岩芯绝对渗透率与滑脱系数关系试验数据进行比对分析，研究指出绝对渗透率越小滑脱系数越大，渗透率低于 0.1mD 的岩芯其滑脱效应显著，渗透率大于 0.1mD 的岩芯滑脱效应不明显。张俊等[161]分析了渗透率对滑脱系数的影响机理，研究指出滑脱系数随孔隙半径减小而增大，储层越致密，其孔隙半径越小，滑脱系数越大，滑脱效应越明显。

滑脱效应随孔隙压力减小而增大；当孔隙压力较高时滑脱效应不明显，当孔隙压力较小时滑脱效应对气体渗透率的影响不容忽视，产生气体滑脱效应的孔隙压力存在一个临界值，当孔隙压力在临界值之上时滑脱效应的影响可以忽略，当孔隙压力小于临界值时，滑脱效应不可忽略。朱亚光等[83]对川中一口气井储层滑脱效应与孔隙压力的关系进行研究，发现当孔隙压力大于 1.5MPa 时，滑脱系数约为 0.1MPa，此时滑脱效应对渗流流量的贡献率小于 5%；当孔隙压力为 0.343 9MPa 时，滑脱系数为 0.196 6MPa，此时滑脱效应对渗流流量的贡献率为 57.2%。张俊等[161]对单一气相流动时的孔隙压力对滑脱效应的影响机理进行分析，研究指出孔隙压力越小，气体分子密度也越小，气体分子间相互碰撞就越少，此时气体分子平均自由程越大，气体分子与孔隙壁碰撞次数增加，这样使得气体流动能力增强，气体滑脱效应明显，气测渗透率增大。

围压对滑脱效应及滑脱系数的影响，不同学者从不同角度分析了滑脱系数及滑脱效应与围压的关系。吴家文等[162]利用 CMS-300 岩石自动分析仪分析了 6 块天然岩芯在围压对孔隙度变化、克氏渗透率与气测渗透率差异的影响，研究指出随净围压的增加，孔隙度逐渐减小，当净围压增加到 20.01MPa 时，1 号岩芯孔隙度降低了 7%，2 号岩芯孔隙度降低了 4.22%，3 号岩芯孔隙度降低了 4.34%，4 号岩芯孔隙度降低了 5.16%，5 号岩芯孔隙度降低了 3.65%，6 号岩芯孔隙度下降了 6.56%；随着净围压的增加，滑脱效应产生的渗透率增量越来越小。当净围压为 0MPa 时，气测渗透率与克氏渗透率之差为 0.14mD；当净围压为 14.18MPa 时，气测渗透率与克氏渗透率之差为 0.12mD；当净围压为 20.01MPa 时，气测渗透率与克氏渗透率之差为 0.11mD。肖晓春等[163]研究了吉林华兴煤矿和阜新五龙矿低渗透煤样滑脱系数随围压变化规律，研究指出随着围压的增加，滑脱系数减小，且变化范围较小，一般不超过 1.5MPa，当围压增加大到一定程度时滑脱系数出现突变，煤样 1 围压增加到一定程度时滑脱系数变为 1.970MPa，煤样 2 围压增加到一定程度时滑脱系数变为 3.231MPa，但其未对滑脱系数变化原因进行进一步分析。王怀玲等[164]对致密砂岩气体滑脱效应与围岩关系进行研究，通过对气测渗透率进行气体滑脱效应二次项的修正，指出不同围压下致密砂岩滑脱因子变化范围为 0.5～2.6MPa，滑脱因子的值随着围压变化先增大随后出现了减小趋势；并指出随着围压的升高，岩石逐渐被压密，岩芯中的孔隙半径逐渐减小导致其滑脱系数增大，在后期由于压力较大岩石产生破坏，孔隙率升高导致其滑脱系数产生突变。

赵瑜等[165]研究了温度对页岩气体滑脱效应的影响机理，研究指出温度对滑脱效应及滑脱系数的影响分为两个方面：一是温度升高，基质颗粒体积膨胀导致孔隙和裂隙空间减少，孔隙半径减小滑脱系数增大；二是温度升高，气体分子均方根速度和平均自由程增大，导致其滑脱效应及滑脱系数增加。

贾瓦杜尔[166,167]采用理论分析和实验室试验相结合的研究手段研究了页岩气在纳米孔隙中的流动过程，研究指出页岩气在纳米孔隙中的流动不再遵循达西定律，其受滑脱效应影响显著，并且随孔径的减小滑脱效应的影响逐渐增大，气体渗透率与绝对渗透率的比值急剧增加，如图 2-1 所示。

曹仁义[168]等在分析气体在致密储层纳米级孔隙结构下的滑脱效应的基础上，建立了考虑滑脱效应的致密储层表观渗透率模型，研究指出气体滑脱效应受孔隙半径影响显著，孔隙半径越小，气测渗透率与液测渗透率的差值越大，气体滑脱效应越明显。刘淑芹等[169]采用 CGS-300 孔隙度-渗透率测试仪，分析了孔隙度与滑脱效应的关系，研究表明滑脱系数与岩石平均孔隙半径有关，岩石渗透率越低，平均孔径越小，气体滑脱效应越明显。姚约东等[85]以陕甘宁中部气田某储层岩芯为对象，研究了气体性质、温度和压力对滑脱系数的影响，研究结果表明：氦气的滑脱系数为氮气的

2.1 倍，二氧化碳的滑脱系数为氮气的 0.7 倍。这表明滑脱效应随气体分子量的增大而减小，随气体黏度的增大而增大；滑脱系数与绝对温度之比是一个常数，即滑脱系数的大小与绝对温度（T）成正比；随着平均压力的增加，岩芯的滑脱效应减小，但滑脱系数保持不变。

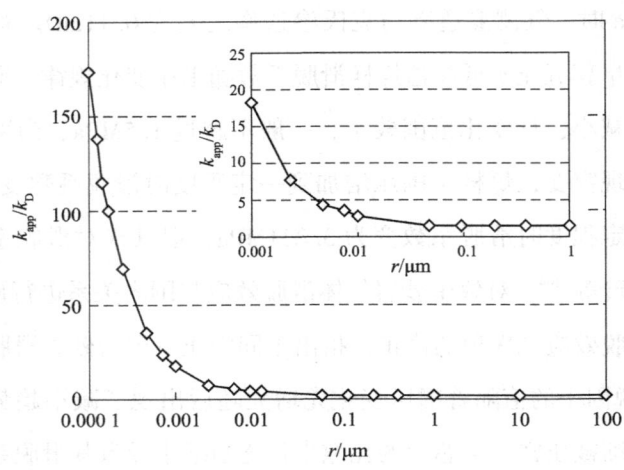

图 2-1　气体渗透率与绝对渗透率比值随孔径的变化规律

从以上对滑脱系数的影响因素可以看出，各因素对储层滑脱系数的影响，如初始渗透率、围压等，主要是通过影响储层孔隙半径进而影响滑脱系数。储层孔径越小，滑脱系数越大，滑脱效应也越明显。当储层孔隙半径发生变化时其滑脱系数也必然产生变化。

▶▶▶ 2.1.2　煤系气抽采时滑脱系数的动态演化机理

煤系气开发主要通过排水降压的方式，通过降低煤系气储层中的孔隙压力，使得煤系气从煤系气储层颗粒表面解吸，解吸出来的煤系气以游离态的形式进入裂隙，裂隙中的煤系气以渗流的方式运移至井筒。在煤系气开发过程中，孔隙压力逐步减小，但围岩应力不发生变化，此时有效应力增大，有效应力的增加使得煤系气储层颗粒变形，颗粒间发生错动，导致煤系气储层颗粒排列更加紧密，此时孔隙半径减小，滑脱系数增大。与此同时，孔隙压力降低，吸附于储层颗粒中的煤系气分子解吸，气体解吸引起基质体颗粒收缩，颗粒粒径减小，由于整体体积不变，减小的煤系气储层颗粒使得煤系气储层产生更多的孔隙空间，孔隙半径增大，滑脱系数减小。在煤系气开发时，随着孔隙压力的降低，同时存在有效应力增大和基质收缩两个对滑脱系数变化的影响因素，孔隙压力降低，有效应力增加，孔隙半径减小，滑脱系数随着增大，该效应属于正效应；孔隙压力降低，煤系气基质体颗粒收缩，孔隙半径增大，滑脱系数减小，该效应属于负效应。在煤系气开发时，一正一负两种效应同时存在，以竞争的方式共同对滑脱系数产生影响，并且两种效应随孔隙压力的降低时刻发生变化，这将导致煤系气储层滑脱系数也时刻发生变化，因此在研究煤系气在低渗透性煤系气储层内流动时应首先研究滑脱系数的动态演化规律，考虑滑脱系数动态演化对煤系气层内流动的影响。

2.2 滑脱系数动态演化模型

2.2.1 模型基本假设

① 体积不变假设。即储层整体体积不变，其变形表现为储层内部孔隙体积的变化。随着煤系气的开采，储层内气体压力降低，但储层的整体体积保持不变，也就是在原来 Uniaxial Strain（水平应变为零，垂直应力的变化量为零）的基础上，垂直应变也不再发生变化。在 2009 年国际煤层气会议上，美国和澳大利亚学者[170]提出了随着煤层气的开采，煤层体积保持不变的基本假设，并通过试验和现场勘测数据论证了这一假设。在煤层气田的几十年开采中，通过摄影测量，没有发现地面明显沉降，同时也论证了体积不变假设的合理性。

② 不考虑煤基质内孔隙对渗透率的影响。

③ 不考虑煤基质内部气体与宏观孔隙的压力等，即裂隙体系内的气体压力即是解吸压力。

④ 煤系气的解吸、扩散、渗透过程中煤储层温度保持不变。

⑤ Matchstick 群假定。1980 年，雷西提出了煤层的 Matchstick（火柴棍）群的几何模型理论[171]，如图 2-2 所示。这是一个非常重要的几何模型，近年来大多对煤层气的研究都是以这个几何模型为基础进行的。在这个几何模型中，煤层被理想化为一个 Matchstick 的集合体，Matchstick 中的有效空间代表煤的孔隙，每一个 Matchstick 代表煤基质。

⑥ 煤系气储层变形受有效应力和基质收缩两方面影响。

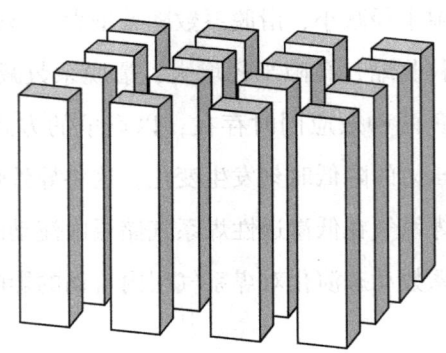

图 2-2 Matchstick（火柴棍）模型

2.2.2 孔隙率随孔隙压力变化规律

2.2.2.1 有效应力对孔隙率变化的影响

由于煤系气储层是一种多孔介质，由孔隙和基质体两部分构成，因此，煤系气储层体积应变量、孔隙体积应变量与基质体应变量的关系为

$$\varphi \Delta \varepsilon_{孔} + (1-\varphi) \Delta \varepsilon_{基} = \Delta \varepsilon_{总} \quad (2-1)$$

式中：$\Delta \varepsilon_{总}$ 为煤系气储层体积应变变化量；$\Delta \varepsilon_{孔}$ 为煤系气储层孔隙体积应变变化量；$\Delta \varepsilon_{基}$ 煤系气储层基质体体积应变变化量；φ 为煤系气储层孔隙率。

基于基本假设①，煤系气储层整体体积不变，因此 $\Delta \varepsilon_{体}=0$，式（2-1）可变为

$$\varphi \Delta \varepsilon_{孔} = -(1-\varphi) \Delta \varepsilon_{基} \quad (2-2)$$

从式（2-2）中可以看出，煤系气储层孔隙体积变形与基质体变形具有一定比例的关系，研究基质体变形与研究煤系气储层孔隙变形是等效的。目前对煤系气储层变形的研究大都从孔隙变形出发，但研究过程中孔隙压缩系数、作用在孔隙上的应力变化等往往较难确定，但如果从基质体的角度研究煤系气储层变形，其应用参数如弹性模量、泊松比和吸附参数等都可以通过实验室获取，研究较为方便。因此，本节将从煤系气储层基质体变形出发研究孔隙率随孔隙压力的变化关系。

在体积不变假设和垂直应力变化为零（在 Uniaxial strain 的情况下，垂直应力的变化量为 0，因此体积不变时，垂直应力变化量也为 0）以及火柴棍模型的基本假设前提下，孔隙压力由 p_0 变为 p 时，每一个火柴棍体所承受的压力变化为 $\Delta p=p_0-p$，若用 $\Delta \sigma_z$ 表示垂直应力变化，$\Delta \sigma_x$、$\Delta \sigma_y$ 表示水平应力变化，则：

$$\Delta\varepsilon_x = \frac{1}{E}(\Delta\sigma_x - \nu\Delta\sigma_y - \Delta\sigma_z) \quad (2-3)$$

式中：$\Delta\varepsilon_x$ 为 x 方向的应变变化量；E 为弹性模量；ν 为泊松比。

若火柴棍体所承受的 x、y 方向上的压力变化值相等，则有 $\Delta\sigma_x = \Delta\sigma_y$，基于体积不变假设，垂直应力变化量为 0，则 $\Delta\sigma_z = 0$，由此式（2-3）可简化为

$$\Delta\varepsilon_x = \frac{1-\nu}{E}\Delta\sigma \quad (2-4)$$

由于每一个火柴棍体在 x、y 方向上的压力变化值相等，均为 $\Delta p = p_0 - p$。因此，当孔隙压力由 p_0 变为 p 时，火柴棍体的单位应变为

$$\Delta a = \Delta\varepsilon_x = \frac{1-\nu}{E}(p_0 - p) \quad (2-5)$$

火柴棍模型中每一个火柴棍边长为 a_1、a_2，且 $a_1 = a_2$，各火柴棍体间距为 w，如图 2-3 所示。

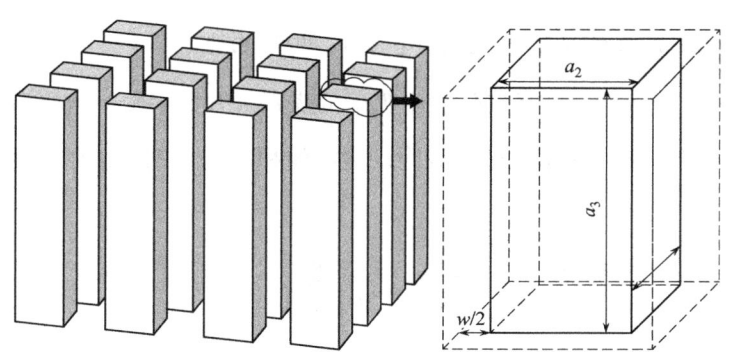

图 2-3 火柴棍模型中微裂隙变化图

根据 1980 年雷西给出的火柴棍模型孔隙率与火柴棍体边长、间距关系为

$$\varphi(p) = \frac{2w(p)}{a(p)} \quad (2-6)$$

式中：$\varphi(p)$ 为孔隙压力为 p 时的孔隙率；$w(p)$ 为孔隙压力为 p 时的裂隙宽度，即煤系气储层基质体间的间距；$a(p)$ 为孔隙压力为 p 时煤系气储层基质体边长。

当孔隙压力为 p_0 时，由式（2-6）得孔隙裂隙宽度 $w(p_0)$ 为

$$w(p_0) = \frac{a(p_0)\varphi(p_0)}{2} \quad (2-7)$$

式中：$a(p_0)$ 为孔隙压力为 p_0 时的煤系气储层基质体边长；$w(p_0)$ 为孔隙压力为 p_0

时的裂隙宽度；$\varphi(p_0)$ 为孔隙压力为 p_0 时的孔隙率。

当孔隙压力由 p_0 变为 p 时，由有效应力变化引起的孔隙率的变化量可表示为

$$\Delta\varphi_{\text{有}}(p) = \frac{2[w(p_0) + \Delta a_{\text{有}}]}{a(p_0) - \Delta a_{\text{有}}} - \varphi(p_0) \tag{2-8}$$

由于煤系气储层基质体边长 $a > \Delta a_{\text{有}}$，因此，式（2-8）可简化为

$$\Delta\varphi_{\text{有}}(p) = \frac{2[w(p_0) + \Delta a_{\text{有}}]}{a(p_0)} - \varphi(p_0) \tag{2-9}$$

将式（2-7）代入式（2-9）得

$$\Delta\varphi_{\text{有}}(p) = \frac{a(p_0)\varphi(p_0) + 2\Delta a_{\text{有}}}{a(p_0)} - \varphi(p_0) \tag{2-10}$$

将式（2-5）代入式（2-10）得到煤系气储层孔隙率变化量与孔隙压力关系为

$$\Delta\varphi_{\text{有}}(p) = \frac{2(1-\nu)}{E}(p_0 - p) \tag{2-11}$$

2.2.2.2 基质收缩效应对孔隙率变化的影响

随着孔隙压力的降低，煤系气储层中吸附的煤系气开始解吸，解吸后会引起煤基质体收缩。赛德尔[172]根据煤系气储层吸附产生的体积应变与朗格谬尔吸附方程，得出关系式（2-12）。

$$\frac{\Delta V_{\text{基}}}{V} = \varepsilon_l \frac{\beta p}{1 + \beta p} \tag{2-12}$$

式中：ε_l、β 为煤系气储层吸附引起的体积应变参数，实际上 $\beta = 1/p_L$。

当孔隙压力由 p_0 变为 p 时，煤系气储层解吸引起的体积应变可表示为

$$\frac{\Delta V_{\text{基}}}{V} = \varepsilon_l \frac{\beta p_0}{1 + \beta p_0} - \varepsilon_l \frac{\beta p}{1 + \beta p} \tag{2-13}$$

火柴棍模型中，每一个火柴棍体的体积为

$$V_{\text{基}} = a_1 a_2 a_3 \tag{2-14}$$

由于储层整体体积不变，因此 a_3 为常数，且 $a_1 = a_2 = a$，因此当孔隙压力由 p_0 变为 p 时，每一个火柴棍体积应变可表示为

$$\Delta\varepsilon_{\text{收}} = \frac{\Delta V_{\text{基}}}{V} = \frac{a^2 - (a - \Delta a_{\text{收}})^2}{a^2} = \varepsilon_l \frac{\beta p_0}{1 + \beta p_0} - \varepsilon_l \frac{\beta p}{1 + \beta p} \tag{2-15}$$

对式（2-15）整理，得

$$\frac{\Delta a_{\text{收}}}{a} = -1 + \sqrt{1 + \varepsilon_l \frac{\beta p_0}{1+\beta p_0} - \varepsilon_l \frac{\beta p}{1+\beta p}} \tag{2-16}$$

根据式（2-6），当孔隙压力由 p_0 变为 p 时，煤系气储层基质体收缩引起的孔隙率变化表示为

$$\Delta\varphi_{\text{收}}(p) = \frac{2[w(p_0) + \Delta a_{\text{收}}]}{a_{\text{基}}} - \varphi(p_0) \tag{2-17}$$

将式（2-16）代入式（2-17）得

$$\Delta\varphi_{\text{收}}(p) = 2\left(-1 + \sqrt{1 + \varepsilon_l \frac{\beta p_0}{1+\beta p_0} - \varepsilon_l \frac{\beta p}{1+\beta p}}\right) \tag{2-18}$$

2.2.2.3 孔隙率随孔隙压力变化关系模型

在孔隙压力降低过程中，煤系气储层变形由两部分构成，一是有效应力变化引起的煤系气储层基质体变形；二是煤系气储层解吸引起的基质体变形，两者同时存在。因此，当孔隙压力由 p_0 变为 p 时，煤系气储层孔隙率可写为

$$\varphi(p) = \varphi(p_0) + \Delta\varphi_{\text{有}}(p) + \Delta\varphi_{\text{收}}(p) \tag{2-19}$$

将式（2-11）、式（2-18）代入式（2-19）中，得孔隙率随孔隙压力变化关系模型为

$$\varphi(p) = \varphi(p_0) + \frac{2(1-\nu)}{E}(p - p_0) + 2\left(-1 + \sqrt{1 + \varepsilon_l \frac{\beta p_0}{1+\beta p_0} - \varepsilon_l \frac{\beta p}{1+\beta p}}\right) \tag{2-20}$$

2.2.3 滑脱系数的动态演化模型

根据泊肃叶孔隙半径公式，当孔隙压力为 p 时，煤系气储层孔隙平均半径可表示为

$$r(p) = \sqrt{\frac{k_\infty(p)}{\varphi(p)}} \tag{2-21}$$

式中：$k_\infty(p)$ 为孔隙压力为 p 时的绝对渗透率。

根据 1980 年雷西给出的绝对渗透率与火柴棍模型关系，煤系气储层绝对渗透率可表示为

$$k_\infty(p) = \frac{1}{12} \frac{w^3(p)}{a(p)} \tag{2-22}$$

根据基本假设（6），孔隙压力变化引起的煤系气储层变形是由有效应力变化和基

质体收缩两部分组成，所以当孔隙压力由 p_0 变为 p 时，式（2-22）可表示为

$$k_\infty(p) = \frac{1}{12} \frac{[w(p_0) - \Delta a_{有} + \Delta a_{收}]^3}{a(p_0) + \Delta a_{有} - \Delta a_{收}} \quad (2-23)$$

由于煤系气储层基质体边长 a 远大于 $\Delta a_{有}$ 和 $\Delta a_{收}$，所以式（2-23）近似写为

$$k_\infty(p) = \frac{1}{12} \frac{[w(p_0) - \Delta a_{有} + \Delta a_{收}]^3}{a(p_0)} \quad (2-24)$$

将式（2-7）、式（2-11）和式（2-16）代入式（2-24），得

$$k_\infty(p) = \frac{\left[\dfrac{a(p_0)\varphi(p_0)}{2} - a(p_0)\dfrac{1-\nu}{E}(p_0 - p) + a(p_0)\left(-1 + \sqrt{1 + \varepsilon_l \dfrac{\beta p_0}{1 + \beta p_0} - \varepsilon_l \dfrac{\beta p}{1 + \beta p}}\right)\right]^3}{12 a(p_0)}$$

$$= \frac{a^3(p_0)\varphi^3(p_0)}{96}\left[1 - \frac{2(1-\nu)}{\varphi(p_0)E}(p_0 - p) + \frac{2}{\varphi(p_0)}\left(-1 + \sqrt{1 + \varepsilon_l \dfrac{\beta p_0}{1 + \beta p_0} - \varepsilon_l \dfrac{\beta p}{1 + \beta p}}\right)\right]^3 \quad (2-25)$$

当孔隙压力为 p_0 时，由式（2-22），得

$$k_\infty(p_0) = \frac{1}{12} \frac{w^3(p_0)}{a(p_0)} \quad (2-26)$$

式中：$k_\infty(p_0)$ 为孔隙压力为 p_0 时的绝对渗透率。

将式（2-7）代入式（2-26），得

$$k_\infty(p_0) = \frac{1}{12} \frac{\left[\dfrac{a(p_0)\varphi(p_0)}{2}\right]^3}{a(p_0)} = \frac{a^2(p_0)\varphi^3(p_0)}{96} \quad (2-27)$$

将式（2-27）代入式（2-25），得

$$k_\infty(p) = k_\infty(p_0)\left[1 - \frac{2(1-\nu)}{\varphi(p_0)E}(p_0 - p) + \frac{2}{\varphi(p_0)}\left(-1 + \sqrt{1 + \varepsilon_l \dfrac{\beta p_0}{1 + \beta p_0} - \varepsilon_l \dfrac{\beta p}{1 + \beta p}}\right)\right]^3 \quad (2-28)$$

将式（2-20）、式（2-28）代入式（2-21）得到压力从 p_0 变为 p 时，孔隙半径的表达式为

$$r(p) = \sqrt{\frac{k_\infty(p_0)\left[1 - \dfrac{2(1-\nu)}{\varphi(p_0)E}(p_0 - p) + \dfrac{2}{\varphi(p_0)}\left(-1 + \sqrt{1 + \varepsilon_l \dfrac{\beta p_0}{1 + \beta p_0} - \varepsilon_l \dfrac{\beta p}{1 + \beta p}}\right)\right]^3}{\varphi(p_0) + \dfrac{2(1-\nu)}{E}(p_0 - p) + 2\left(-1 + \sqrt{1 + \varepsilon_l \dfrac{\beta p_0}{1 + \beta p_0} - \varepsilon_l \dfrac{\beta p}{1 + \beta p}}\right)}}$$

$$= \left[1 - \frac{2(1-v)}{\varphi(p_0)E}(p_0-p) + \frac{2}{\varphi(p_0)}\left(-1 + \sqrt{1+\varepsilon_l\frac{\beta p_0}{1+\beta p_0} - \varepsilon_l\frac{\beta p}{1+\beta p}}\right)\right]\sqrt{\frac{k_\infty(p_0)}{\varphi(p_0)}}$$

(2-29)

1941年，克林伯格给出了滑脱系数 b 的表达式：

$$b(p) = \frac{16c\mu}{r(p)}\sqrt{\frac{\pi R_g T}{2M}} \qquad (2-30)$$

式中：c 为常数，一般取 0.9；μ 为气体黏滞系数，Pa·s；R_g 为普氏气体常数，J/(mol·K)；T 为温度，K；M 为气体摩尔质量，g/mol。

将式（2-29）代入式（2-30）得煤系气降压抽采时滑脱系数的动态演化模型为

$$b(p) = \frac{16c\mu\sqrt{\frac{\pi R_g T}{2M}}}{\left[1 - \frac{2(1-v)}{\varphi(p_0)E}(p_0-p) + \frac{2}{\varphi(p_0)}\left(-1 + \sqrt{1+\varepsilon_l\frac{\beta p_0}{1+\beta p_0} - \varepsilon_l\frac{\beta p}{1+\beta p}}\right)\right]\sqrt{\frac{k_\infty(p_0)}{\varphi(p_0)}}}$$

(2-31)

▶▶▶ 2.2.4 滑脱系数的动态演化规律

煤层滑脱系数变化受有效应力和基质收缩两方面影响，其比砂岩层更为复杂，因此本节以煤层为例，研究孔隙压力降低时滑脱系数的动态演化规律。根据式（2-31）给出的滑脱系数的计算公式及基本参数（表2-1），采用 Matlab 编程的方式，求解并分析孔隙压力、初始渗透率、温度对滑脱系数的影响规律。

表2-1 模型参数

参数	值	参数	值
弹性模量/MPa	2 069	温度/K	293.15
泊松比	0.35	体积应变系数 εl	0.023
初始孔隙率	0.002	吸附瓦斯常数 β/（MPa^{-1}）	0.26
初始孔隙压力/MPa	9.66		

注：数据来源于 San Juan Basia 煤储层基础数据

图 2-4 为初始渗透率 k_0 为 0.5mD、1mD、2mD 和 3mD 下滑脱系数随孔隙压力变化关系曲线。由图 2-4 可以看出：在孔隙压力降低过程中，滑脱系数呈先增大后减小的变化趋势。其机理为滑脱系数是与孔隙率 $\varphi(p)$ 的函数，随着孔隙压力的降低，有效应

力和基质收缩共同对煤储层孔隙率产生作用，有效应力使得储层孔隙半径减小，基质收缩使孔隙半径增加，在孔隙压力降低初期，有效应力对孔隙半径的影响效果大于基质收缩作用，其孔隙率呈减小趋势，滑脱系数 b 增大；随着孔隙压力的进一步减小，基质收缩对孔隙半径的影响大于有效应力，煤储层孔隙率增加，滑脱系数减小。

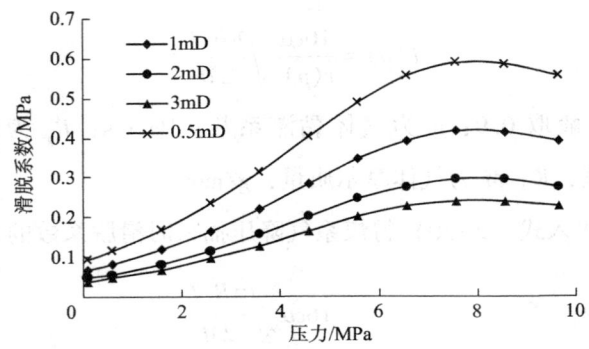

图 2-4　不同初始渗透率下滑脱系数随孔隙压力变化关系

图 2-5 为孔隙压力为 5MPa 时滑脱系数随渗透率变化关系曲线。可以看出：滑脱系数与煤储层渗透率呈负指数关系；渗透率越小滑脱系数越大，滑脱效应越明显。这是由于在其他参数相同的情况下，渗透率越小，储层平均孔径越小，其滑脱系数值越大。

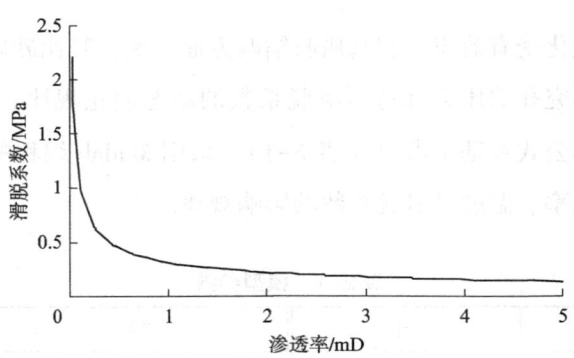

图 2-5　孔隙压力为 5MPa 时滑脱系数与渗透率关系曲线

图 2-6 为孔隙压力为 5MPa 时，滑脱系数随温度变化关系曲线。从图 2-6 中可以看出：在孔隙压力不变时，滑脱系数 b 随温度的升高而逐渐增大。这是由于在同一孔隙压力下，温度越高，其平均分子自由程越大，滑脱效应越明显，滑脱系数 b 越大。

图 2-7 为温度为 0℃、20℃ 和 40℃ 下滑脱系数随孔隙压力变化关系曲线。从图中可以看出：在高孔隙压力阶段，相同孔隙压力下，温度越高其滑脱系数 b 值越大；在低孔隙压力阶段，随孔隙压力的降低，温度变化对滑脱系数 b 影响越来越小。这是由于在高

孔隙压力阶段，相同孔隙压力下，温度越高气体分子运动越活跃，气体分子平均自由程越大，其滑脱效应越明显；在低孔隙压力阶段，气体孔隙压力对分子自由程的影响远大于温度变化对其影响，温度变化对气体分子平均自由程影响较小，因此低孔隙压力阶段，滑脱系数 b 随温度变化不明显。

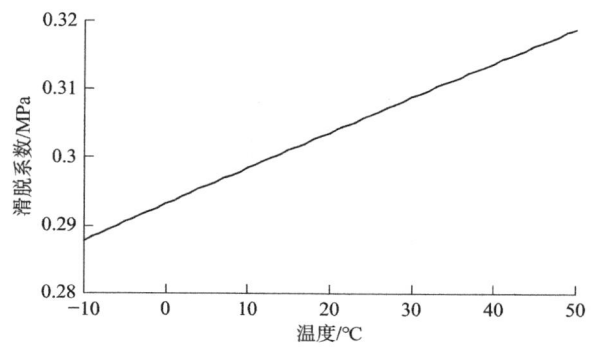

图 2-6　孔隙压力为 5MPa 时滑脱系数随温度变化关系曲线

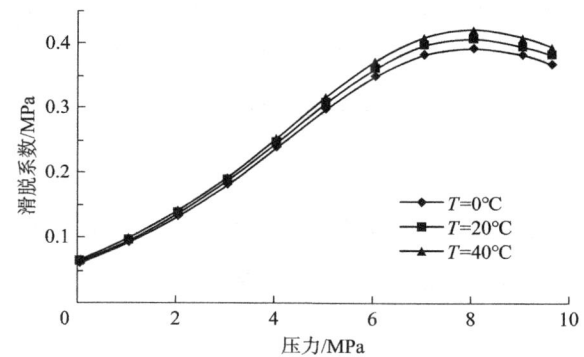

图 2-7　不同温度下滑脱系数随孔隙压力变化关系曲线

2.3　考虑动态滑脱效应的气体渗透率预测模型及试验验证

2.3.1　考虑动态滑脱效应的气体渗透率预测模型

1941 年，克林伯格给出了气体渗透率与液体渗透率的关系：

$$k_g(p) = k_\infty(p)\left[1 + \frac{b(p)}{p}\right] \quad (2-32)$$

将式（2-28）、式（2-31）代入式（2-32）得考虑动态滑脱效应的气体渗透率预测模型为：

$$k_g(p) = k_\infty(p_0)\left[1 - \frac{2(1-v)}{\varphi(p_0)E}(p_0-p) + \frac{2}{\varphi(p_0)}\left(-1+\sqrt{1+\varepsilon_l\frac{\beta p_0}{1+\beta p_0}-\varepsilon_l\frac{\beta p}{1+\beta p}}\right)\right]^3$$

$$\cdot\left\{1 + \frac{16c\mu\sqrt{\dfrac{\pi R_g T}{2M}}}{\left[1-\dfrac{2(1-v)}{\varphi(p_0)E}(p_0-p)+\dfrac{2}{\varphi(p_0)}\left(-1+\sqrt{1+\varepsilon_l\dfrac{\beta p_0}{1+\beta p_0}-\varepsilon_l\dfrac{\beta p}{1+\beta p}}\right)\right]\sqrt{\dfrac{k_\infty(p_0)}{\varphi(p_0)}}}\Big/p\right\}$$

$$(2-33)$$

▶▶▶ 2.3.2 考虑动态滑脱效应的气体渗透率预测模型的试验验证

以山西某矿煤系气储层为研究对象，通过实验室试验，验证考虑动态滑脱效应的气体渗透率预测模型的正确性，比较考虑动态滑脱效应与不考虑时气体渗透率预测结果的差异。通过实验室试验结果验证对于低渗透煤系气储层考虑动态滑脱效应的重要性。

2.3.2.1 试样采集

本次试验选取山西古交地区山西某矿 2 号、8 号、9 号煤及其顶板泥页岩和砂岩为对象，采用现场顶板钻孔取芯，取芯后立即密封包装运送至实验室取样。部分岩芯如图 2-8 所示。

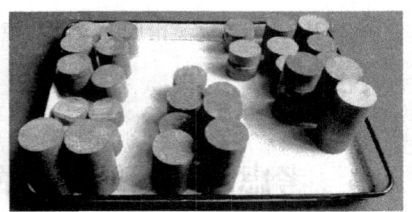

图 2-8　2 号、8 号、9 号煤及其顶板泥岩、砂岩岩芯

2.3.2.2 煤岩样气体渗透率测试方法及实验装置

1) 测试方法选取

目前渗透率的测试方法主要有 3 种：①基于达西定律的稳态测量法[173]；②瞬态测量法[174]；③压力脉冲法[175]。瞬态测量法和压力脉冲法目前主要用于液体渗透率测试，

常需要辅助一定的计算推导。由于气体具有较强的可压缩性，采用瞬态法和压力脉冲法测量时，其过程及结果计算较为困难。因此本次试验采用稳态法测量气体渗透率。该方法是目前测量气体渗透率常用方法，操作较为简便，常用于煤层气、页岩气及砂岩气储层气体渗透率测量。

2）稳态法测试气体渗透率原理

稳态法测试气体渗透率原理是基于达西定律建立的，该方法认为通过煤岩试样的稳态流量 q 为

$$q = -\frac{k_g A}{\mu}\frac{\mathrm{d}p}{\mathrm{d}x} \quad (2-34)$$

式中：k_g 为试样气体渗透率；A 为试样横截面积；μ 为气体黏度；$\mathrm{d}p/\mathrm{d}x$ 为试样两端压力梯度。

试验时不考虑温度的变化，试验过程中温度为室温。对于气体而言，温度不变时，气体密度、压力变化及其流量的关系满足波义尔气体膨胀定律：

$$p_入 q_入 t = p_出 q_出 t \quad (2-35)$$

式中：$p_入$、$p_出$ 为入口端与出口端压力；$q_入$ 和 $q_出$ 为入口端和出口端流量；t 为流动时间。

将式（2-35）代入式（2-34）整理得

$$k_g A p_入 \,\mathrm{d}p = -\mu p_出 q_出 \,\mathrm{d}x \quad (2-36)$$

将式（2-36）积分得

$$k_g A p_入 \int_{p_入}^{p_出} \mathrm{d}p = -\mu p_出 q_出 \int_0^L \mathrm{d}x \quad (2-37)$$

式中：L 为试样长度。

将式（2-37）进行积分化简得实验室试验数据计算煤岩试样气体渗透率公式为

$$k_g = \frac{2\mu q_出 p_出 L}{A(p_入^2 - p_出^2)} \quad (2-38)$$

3）试验仪器及步骤

（1）试验仪器

本次试验采用自行研制的三轴渗透仪，如图2-9所示。仪器由加载系统、三轴渗透室、控制系统和测试系统4部分构成。

（2）实验步骤

① 试样制备。将取回的煤岩样制成 $\phi 50\mathrm{mm}\times 100\mathrm{mm}$ 标准试样。

图 2-9 三轴渗透仪实物图

② 在试样侧面涂抹一薄层密封胶，密封后将试样放入三轴渗透仪渗透室中。

③ 渗透仪密闭后，先加 0.5MPa 轴压，之后加入孔隙压力，孔隙进口压力保持 0.2MPa，关闭出气口，充分吸附 8 小时，待达到吸附平衡后，施加试验方案中预先设定的围压和轴压，待轴压和围压达到预设值并稳定后，打开出气口，待流量稳定后，调节孔隙压力大小，出气口流量稳定后，采用收集装置测量气体流量，用式（2-38）计算气体渗透率。改变孔隙压力，待稳定后，测量气体流量并计算不同孔隙压力下气体渗透率。

④ 改变轴压及围压，待稳定后，施加不同孔隙压力，测量气体流量并计算气体渗透率。

2.3.2.3 试验结果与模型预测结果对比分析

制备的 2 号、8 号、9 号煤、顶底板泥页岩及顶底板砂岩试样试验尺寸参数见表 2-2。预测模型所取参数见表 2-3。2 号煤、8 号煤、9 号煤、顶底板泥页岩及顶底板砂岩在不同围压下的试验与预测结果见表 2-4~表 2-8。2 号煤、8 号煤、9 号煤、顶底板泥页岩及顶底板砂岩气体渗透率实测值与模型预测值随孔隙压力变化曲线如图 2-10~图 2-14 所示。

表 2-2 试样尺寸参数

试件名称	直径/mm	高度/mm
2 号煤试样	49.76	99.34
8 号煤试样	49.56	99.75
9 号煤试样	49.76	99.34

续表

试件名称	直径/mm	高度/mm
泥页岩试样	49.56	99.75
砂岩试样	49.54	99.56

表2-3 预测模型参数

试件名称	E/MPa	φ_0/%	εl	β/(MPa^{-1})	ν
2号煤试样	2 835	3.2	0.10	0.38	0.25
8号煤试样	2 130	5.6	0.11	0.52	0.22
9号煤试样	2 911	2.8	0.086	0.33	0.24
泥页岩试样	6 550	1.6	0.05	0.62	0.23
砂岩试样	14 026	6.45	—	—	0.13

注：数据来自于第5章5.2、5.3节

表2-4 2号煤在不同围压下的试验数据与预测结果

轴压、围压/MPa	孔隙压力/MPa	实测渗透率/mD	动态滑脱系数计算渗透率/mD	固定滑脱系数计算渗透率/mD（b=1.91MPa）
5	5.0	0.007	0.006	0.006
	4.5	0.009	0.009	0.008
	4.0	0.012	0.012	0.011
	3.5	0.014	0.014	0.016
	3.0	0.018	0.019	0.022
	2.5	0.028	0.027	0.032
	2.0	0.045	0.039	0.049
	1.5	0.058	0.063	0.082
	1.0	0.142	0.102	0.165
	0.5	0.191	0.218	0.426

表2-5 8号煤在不同围压下的试验数据与预测结果

轴压、围压/MPa	孔隙压力/MPa	实测渗透率/mD	动态滑脱系数计算渗透率/mD	固定滑脱系数计算渗透率/mD（b=2MPa）
5	5.0	0.033	0.032	0.032
	4.5	0.023	0.024	0.021
	4.0	0.015	0.017	0.014
	3.5	0.01	0.012	0.008

续表

轴压、围压/MPa	孔隙压力/MPa	实测渗透率/mD	动态滑脱系数计算渗透率/mD	固定滑脱系数计算渗透率/mD（$b=2$MPa）
5	3.0	0.016	0.014	0.02
	2.5	0.024	0.022	0.028
	2.0	0.032	0.036	0.042
	1.5	0.068	0.052	0.064
	1.0	0.102	0.084	0.115
	0.5	0.16	0.179	0.292

表2-6　9号煤在不同围压下的试验数据与预测结果

轴压、围压/MPa	孔隙压力/MPa	实测渗透率/mD	动态滑脱系数计算渗透率/mD	固定滑脱系数计算渗透率/mD（$b=2.5$MPa）
5	5.0	0.012	0.012	0.012
	4.5	0.008	0.009	0.008
	4.0	0.008	0.008	0.007
	3.5	0.009	0.009	0.008
	3.0	0.012	0.011	0.012
	2.5	0.017	0.014	0.016
	2.0	0.023	0.020	0.025
	1.5	0.032	0.030	0.041
	1.0	0.064	0.050	0.077
	0.5	0.085	0.108	0.201

表2-7　顶底板泥页岩在不同围压下的试验数据与预测结果

轴压、围压/MPa	孔隙压力/MPa	实测渗透率/mD	动态滑脱系数计算渗透率/mD	固定滑脱系数计算渗透率/mD（$b=3.28$MPa）
5	5.0	0.009 0	0.009 0	0.009 0
	4.5	0.007 7	0.007 8	0.007 6
	4.0	0.006 7	0.006 8	0.006 5
	3.5	0.005 3	0.005 5	0.005 7
	3.0	0.005 5	0.006 2	0.006 8
	2.5	0.007 5	0.008 2	0.009 3
	2.0	0.012 0	0.011 4	0.013 0

续表

轴压、围压/MPa	孔隙压力/MPa	实测渗透率/mD	动态滑脱系数计算渗透率/mD	固定滑脱系数计算渗透率/mD（$b=3.28$ MPa）
5	1.5	0.015	0.017 2	0.020 0
	1.0	0.035	0.029 7	0.040 0
	0.5	0.053	0.068 8	0.090 0

表 2-8 顶底板砂岩在不同围压下的试验数据与预测结果

轴压、围压/MPa	孔隙压力/MPa	实测渗透率/mD	动态滑脱系数计算渗透率/mD	固定滑脱系数计算渗透率/mD（$b=3.28$ MPa）
5	5.0	0.073	0.072	0.072
	4.5	0.065	0.066	0.066
	4.0	0.063	0.061	0.060
	3.5	0.054	0.055	0.054
	3.0	0.048	0.051	0.050
	2.5	0.046	0.048	0.046
	2.0	0.044	0.045	0.042
	1.5	0.045	0.043	0.039
	1.0	0.050	0.045	0.039
	0.5	0.062	0.058	0.047

从图 2-10～图 2-13 中可以看出，煤、泥页岩气体渗透率随孔隙压力的降低而逐步增大。在孔隙压力降低初期，考虑动态滑脱效应预测的渗透率总是大于固定初始滑脱系数（不考虑动态滑脱系数）预测渗透率；在孔隙压力下降后期，考虑动态滑脱效应预测的气体渗透率总是小于固定初始滑脱系数预测的气体渗透率，且压力越小两者差异越大。其机理为在孔隙压力下降初期，有效应力对孔隙的影响大于基质收缩效应，孔隙半径减小导致滑脱系数增大，考虑动态滑脱效应预测的渗透率大于固定初始滑脱系数预测的气体渗透率；在孔隙压力下降后期，基质收缩效应对孔隙的影响大于有效应力，孔隙半径增大，滑脱系数减小，考虑动态滑脱效应预测的气体渗透率小于固定初始滑脱系数，孔隙压力越小滑脱效应的影响越大，动态滑脱效应的影响也就越明显，动态滑脱系数与固定初始滑脱系数预测的气体渗透率差异也就越大。

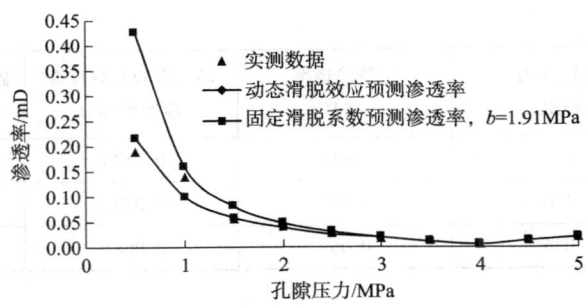

图 2-10　2 号煤气体渗透率随孔隙压力变化曲线

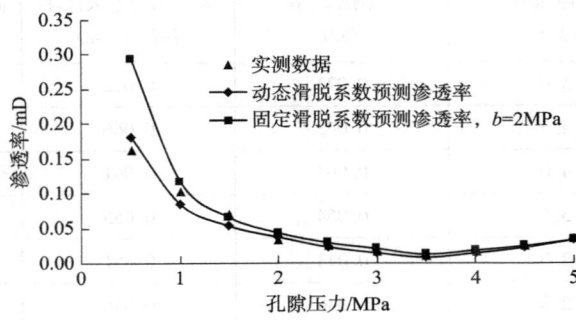

图 2-11　8 号煤气体渗透率随孔隙压力变化曲线

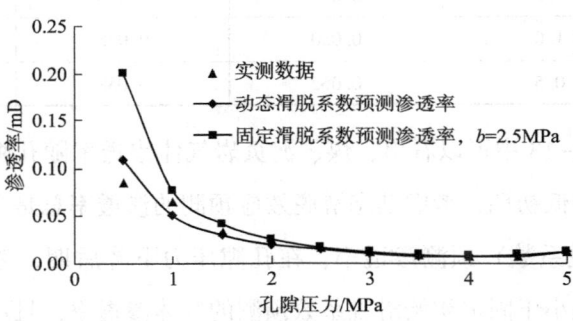

图 2-12　9 号煤气体渗透率随孔隙压力变化曲线

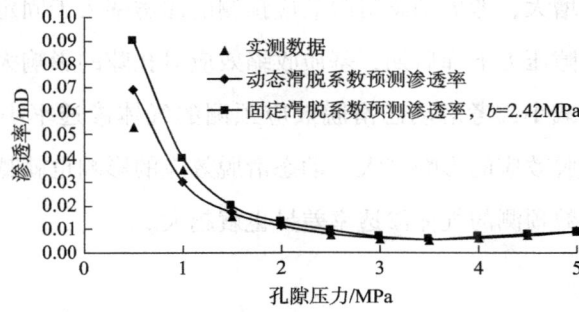

图 2-13　顶底板泥页岩气体渗透率随孔隙压力变化曲线

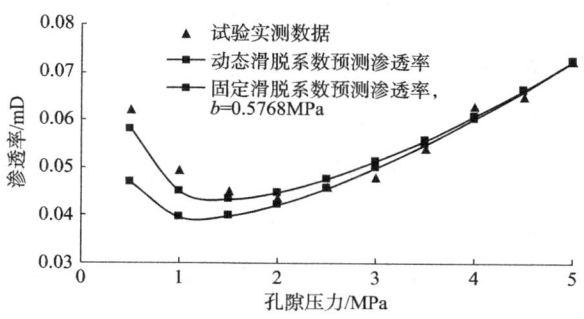

图 2-14　顶底板砂岩气体渗透率随孔隙压力变化曲线

从图 2-14 中可以看出，砂岩气体渗透率随孔隙压力降低而呈先减小后增大趋势。动态滑脱系数预测的砂岩气体渗透率总是大于固定初始滑脱系数，且压力越小两者差异越大。其机理为砂岩不存在吸附作用，其孔隙变形只受有效应力影响，在孔隙压力降低过程中，有效应力增大，孔隙半径减小，滑脱系数增大，因此导致考虑动态滑脱系数预测的砂岩层气体渗透率总是大于固定初始滑脱系数预测的砂岩层气体渗透率。孔隙压力越小滑脱效应的影响越大，动态滑脱效应的影响也就越明显，动态滑脱系数与固定初始滑脱系数预测的气体渗透率差异也就越大。

通过对比实测数据、本书建立的气体渗透率预测模型计算结果和固定初始滑脱系数计算结果可以看出，在高孔隙压力阶段（大于 2MPa），本书建立模型与固定初始滑脱系数模型预测结果的差异不大，均与实测数据符合良好；在低孔隙压力阶段（小于 2MPa），本书建立的模型考虑了动态滑脱效应的影响，其预测结果与实测结果符合度高于固定初始滑脱系数模型，通过实验室试验验证了本书建立模型的正确性及优越性。

2.4　本章小结

本章以体积不变假设和火柴棍模型为基础建立了滑脱系数动态演化模型及考虑动态滑脱效应的气体渗透率预测模型，分析了滑脱系数随压力、初始渗透率及温度的变化规律。以山西某矿煤系气储层为研究对象，通过实验室试验验证模型的正确性。研究结果如下：

① 基于体积不变假设和火柴棍模型等建立了煤系气抽采时滑脱系数动态演化模型，揭示了孔隙压力降低过程中滑脱系数的动态演化机理。采用控制变量法和 Matlab 数值计

算软件，分析了孔隙压力、初始渗透率、温度对滑脱系数的影响。结果表明随孔隙压力的降低，滑脱系数呈先增大后减小的变化趋势，其机理为：孔隙变形受有效应力和基质收缩两方面影响，在孔隙压力降低初期，有效应力引起的孔隙变形大于基质收缩引起的孔隙变形，孔隙半径减小，滑脱系数增大，在孔隙压力降低后期，有效应力引起的孔隙变形小于基质收缩，孔隙半径增大，滑脱系数减小。

② 以滑脱系数演化模型为基础，建立了考虑动态滑脱效应的气体渗透率预测模型。该模型仅使用基本物理学参数，即可实现对煤储层渗透率预测，该模型实用性和操作性强，具有更高的理论和实用价值。

③ 以山西某矿煤、泥页岩和砂岩储层为研究对象，分别采用考虑动态滑脱效应模型和不考虑动态滑脱效应模型对其气体渗透率进行预测，并与实验室实测数据进行比较。结果表明：煤、泥页岩气体渗透率随孔隙压力的降低先减小后增大，在压力降低初期，考虑动态滑脱效应预测渗透率大于固定初始滑脱系数，在压力降低后期，考虑动态滑脱效应预测的气体渗透率小于固定初始滑脱系数；砂岩气体渗透率随孔隙压力降低呈先减小后增大趋势，考虑动态滑脱效应预测的气体渗透率总是大于固定初始滑脱系数。与实测数据对比显示，在高孔隙压力阶段（大于2MPa），两者预测结果差异不大，均与实测数据符合良好；在低孔隙压力阶段（小于2MPa），本书建立的模型考虑了动态滑脱效应的影响，其预测结果与实测结果符合度高于固定初始滑脱系数模型，进而验证了本书建立模型的正确性及优越性。

第 3 章

复合储层煤系气运移机理及数学模型

本章通过研究煤系气在复合储层中的运移过程，分析煤系气在复合储层中的运移机理，将煤系气在复合储层中的运移分为层内动态滑脱流和层间窜流两部分，以垂向平衡假设和等效窜流层等基本假设为前提，结合达西定律、质量守恒定理等，建立层内动态滑脱流控制方程和等效窜流层的窜流控制方程，联合煤系复合储层中煤-页岩、煤-砂岩和煤-页岩-砂岩复合储层合采时的初始条件、边界条件等，建立层间窜流和层内动态滑脱流耦合作用的煤系合采渗流模型，为研究煤系气在复合储层中的运移规律及产能预测提供理论基础，具有重要的理论意义与工程应用价值。

3.1　复合储层中煤系气的运移机理

煤系气主要以吸附态赋存于煤层和页岩层中，以游离态形式赋存于致密砂岩储层中。煤系气开采通常通过降低储层中的孔隙压力使其从储层的表面解吸出来，然后通过扩散、渗流的方式进入储层微裂隙中，形成游离气。在径向压差和垂向压差的作用下产生运移。在径向压差的作用下，形成滑脱流运移向井筒；在垂向压差的作用下，向渗透性好的储层运移。当运移至储层界面时，通过窜流的方式进入邻近储层，并且径向压差和垂向压差动态变化、相互影响。因此，煤系气在复合储层的表面解吸、层内滑脱流、层内滑脱流与层间窜流耦合作用过程与特征，决定着煤系气抽采参数及产能的动态过程。在三个阶段中，煤系气的解吸与运移特征为：

① 煤系气的解吸阶段。此阶段随着孔隙压力的降低，吸附在煤层、页岩层基质体中的煤系气解吸，通过扩散、渗流的方式运移至储层裂隙中，形成游离气。

② 层内动态滑脱流阶段。该阶段发生在产气初期，由于抽采时间较短，层间压差未形成，煤系气渗流只受初始储层压力与井筒压力形成的径向压差影响，煤系气在储层径向压差的作用下沿储层发生径向滑脱流，使上一阶段部分解吸出来形成的游离煤系气运移至井筒。此阶段孔隙压力降低较小，主要为游离气或少量的解吸气向井筒运移，储层孔隙结构变形为有效应力主导，此阶段储层孔隙率减小、绝对渗透率减小、滑脱系数增大。

③ 层间窜流与层内滑脱流耦合作用阶段。该阶段发生在生产井生产一段时间后，各储层压力在初期层内滑脱流的影响下逐渐降低，但由于各储层物性，如初始孔隙率、渗透率和滑脱系数等差异很大，各层压力下降幅度也各不相同，各层之间形成层间压差，此时解吸后变为游离态的煤系气不仅受层内径向压差的作用，还受层间压差的影响。其运移也由初期的只存在层内滑脱流的单向流动变为既存在层内滑脱流也存在层间窜流的双向流动，并且两者相互影响。径向滑脱流使得储层压力下降，径向压差减小；层间窜流使得高渗层压力上升，低渗层压力降低。在高渗层中，层间窜流使得径向压差增大，加快煤系气的层内流动，储层压力下降速度增加，加快的层间流动又使得层间压差增大，加快层间窜流速度，彼此相互促进；在低渗层中，层间窜流的存在使得储层压

力下降加快，减小层内压差，抑制低渗层中煤系气的层内流动，层内流动减缓使得层间压差增大，促进煤系气的层间流动。层间窜流与层内滑脱流耦合作用，共同影响煤系气的流动。此阶段储层压力降低较大，吸附的煤系气大量解吸，基质收缩效应对孔隙结构的影响逐步增大，其孔隙变形由有效应力主导变为基质收缩效应主导，煤和页岩层的孔隙率增大，绝对渗透率增大，滑脱系数减小，而致密砂岩层由于不存在吸附气，其孔隙变形仍受有效应力主导，孔隙率减小、绝对渗透率减小，滑脱系数增大。

3.2 基本假设与参数演化方程

3.2.1 基本假设

① 煤系气层内流动基本假设。由于煤系气储层的形成经历了数次的构造运动，其孔隙、裂隙较为发育，孔隙形状、大小等差异很大，包括连通孔和墨水瓶孔等。受孔隙结构的影响，煤系气运移时易出现不连续的状态。因此，研究煤系气运移与研究普通流体不同，其不能直接研究质点的运动，而必须忽略个别质点的运移，采用统计的方法研究具有平均性质的运移规律。该方法是用一种理想气体代替储层中运动着的煤系气，通过对假设的理想气体的研究来发现煤系气的运移规律。等效理想气体代替煤系气必须有以下几个条件，一理想气体连续充满整个多孔介质空间；二理想气体通过储层截面的流量、压力与流动时的阻力与实际煤系气相同。在对煤系气进行理想气体等效后，就可以将煤系气视为连续流体研究。在连续流体研究时需要取流体质点。流体质点的大小要比单个分子的自由路程大得多，并包含足够多的分子，使得在统计平均后得到宏观的特征量，比如密度、宏观速度、温度，等等。同时流体质点的大小在宏观上又要充分小，它要比所研究的流体区域小得多，从而可以看作几何上的一个点。质点的流体和流动性质是分子平均起来的统计值。在流体占据的整个区域内的任何点上，都具有一定动力学性质和能量性质的质点。在连续介质假设的基础上，压强、密度、速度、温度等宏观特征量是质点和时间的连续函数。

多孔介质的连续介质假设与流体的连续性假设思想是相同的。在特征长度 D 内，统计平均后得到宏观的特征量，例如孔隙度、密度、宏观速度、温度等等。描述连续多孔介质要定义多孔介质中一点 P 的特征体元，这个特征体元必须比整个研究区域的尺寸小得多，以便它能代表所讨论的点 P 处的物理量；同时，它又必须包含足够数量的孔隙，以致介质的微观效应还没有显示出来。把整个介质看作连续介质，实际上是指孔隙度是平滑变化的。特征体元可以视为多孔介质在数学点处的物质点，宏观的特征量是空间和时间的连续函数。

② 层内垂向平衡假设。层内垂向平衡的概念在多层油气藏文献中被广泛地运用，每层的垂向平衡意味着每层内部在任何时间和地点的垂向压降都是零，因而在层内任意垂线上的压力都是一样的[124,176]。假定层内垂向平衡即假定了垂向上完全交流性，它等价于假定垂向上的渗透率为无穷。对于长度比大于 10 的层，层内垂向平衡是一个很好的假定[176]。对于煤系复合储层其长度远大于厚度，因此适用垂向平衡假设。

③ 等效窜流层假设。由于任何一层在垂向上的压力变化是很小的，因此可以将层内垂向流动的阻力全部集中到层间界面上，而令层内在垂向上的阻力为零[124]。由于层间界面上集中了垂向阻力，其不再是普通的层间界面了。因此，将层间界面看作一个只有垂向渗流的虚拟窜流层，在虚拟窜流两边的压力将差一个有限值，虚拟窜流层的渗流能力应取得和实际油气藏在垂向上的阻力一样。这种假想的虚拟窜流层称作等效窜流层，如图 3-1 所示，该假设是对假定层内垂向渗透率为无穷的一种补救。

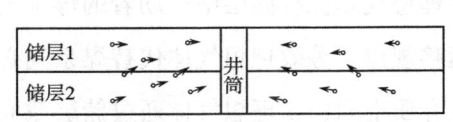 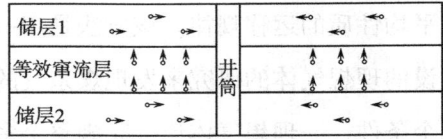

（a）抽采过程中煤系气真实流向示意图　　（b）等效窜流层假设流向示意图

图 3-1　煤系气真实流动与等效窜流层假设后流向示意图

④ 煤系气储层为均质体，各个方向渗透率相同。

⑤ 煤系气在煤和页岩层中以吸附态和游离态分别赋存于煤系气储层基质体和孔裂隙中。气体吸附满足朗格缪尔等温吸附。

⑥ 不考虑煤系气中水对气体渗流的影响。本书主要研究煤系气合采产气阶段煤系气的渗流规律，因此忽略水对煤系气渗流的影响。

⑦ 煤系气为理想气体，符合理想气体状态方程；煤系气储层孔隙变形与孔隙压力相关，为孔隙压力函数：$\varphi=\varphi(p)$。

⑧ 基质中吸附的煤系气经解吸后全部进入裂隙中，形成游离气；

⑨ 不考虑储层温度的变化，假设煤系气吸附和解吸温度均不引起储层温度变化。

3.2.2 基本参数演化方程

3.2.2.1 孔隙率演化方程

(1) 层内孔隙率演化方程

孔隙率的大小决定煤系气的吸附性和渗透率等，是影响煤系气运移的主要因素之一。根据第 2 章式（2-20）给出的孔隙压力由 p_0 变为 p 时孔隙率与孔隙压力关系可以得出，当孔隙压力由 0 变为 p 时，孔隙率与孔隙压力关系为

$$\varphi(p) = \varphi_0 + \frac{2(1-\nu)}{E}p + 2\left[-1 + \sqrt{1 - \varepsilon_l \frac{\beta p}{1+\beta p}}\right] \quad (3-1)$$

式中：φ_0 为孔隙压力为 $p=0$ 时的孔隙率。

(2) 等效窜流层孔隙率演化方程

根据基本假设，将层间界面等效为两个储层复合而成，其两层孔隙率分别为 φ_1 和 φ_2，厚度为 h_1 和 h_2，根据孔隙率定义：

$$\varphi(p) = \frac{V_{孔}(p)}{V} \quad (3-2)$$

式中：$V_{孔}$ 为孔隙体积，m^3；V 为整体体积，m^3。

则等效窜流层孔隙率可表示为

$$\varphi_{等}(p) = \frac{V_{等孔}}{V} = \frac{\varphi_1(p)h_1 + \varphi_2(p)h_2}{h_1 + h_2} \quad (3-3)$$

式中：下标 1，2 表示复合储层的上、下两层。

将式（3-1）代入得到复合储层等效窜流层孔隙率为

$$\varphi_{等}(p) = \frac{h_1\left\{\varphi_{01} + \frac{2(1-\nu_1)}{E_1}p + 2\left[-1 + \sqrt{1 - \varepsilon_{l1}\frac{\beta_1 p}{1+\beta_1 p}}\right]\right\}}{h_1 + h_2}$$
$$+ \frac{h_2\left\{\varphi_{02} + \frac{2(1-\nu_2)}{E_2}p + 2\left[-1 + \sqrt{1 - \varepsilon_{l2}\frac{\beta_2 p}{1+\beta_2 p}}\right]\right\}}{h_1 + h_2} \quad (3-4)$$

3.2.2.2 渗透率演化方程

(1) 层内气体渗透率演化方程

煤系气储层气体渗透率是影响煤系气运移难易程度的关键参数，有效应力、基质收

缩效应通过影响煤系气储层的孔隙结构影响煤系气储层的渗透率。在具有吸附性的页岩和煤层中，有效应力和基质收缩效应以相互竞争的关系对渗透率产生影响。在压力降低初期，有效应力为主导，孔隙率减小，渗透率降低；随着压力的继续减小，基质收缩效应大于有效应力对孔隙的影响，孔隙率增加，渗透率增大。根据第 2 章式（2-33）给出的当孔隙压力由 p_0 变为 p 时，考虑动态滑脱效应的气体渗透率方程可得，当孔隙压力由 0 变为 p 时，考虑动态滑脱效应的气体渗透率方程为

$$k_g(p) = k_{\infty 0} \left[1 + \frac{2(1-\nu)}{\varphi_0 E} p + \frac{2}{\varphi_0} \left(-1 + \sqrt{1 + \varepsilon_l \frac{\beta p}{1 + \beta p}} \right) \right]^3$$

$$\cdot \left(1 + \frac{16c\mu \sqrt{\frac{\pi R_g T}{2M}}}{\left[1 + \frac{2(1-\nu)}{\varphi_0 E} p + \frac{2}{\varphi_0} \left(-1 + \sqrt{1 + \varepsilon_l \frac{\beta p}{1 + \beta p}} \right) \right] \sqrt{\frac{k_{\infty 0}}{\varphi_0}}} \right)$$

（3 - 5）

（2）等效窜流层气体渗透率演化方程

根据勒夫科维茨[140]给出的复合储层等效渗透率计算公式，等效窜流层代替两层的垂向流动阻力，因此等效窜流层的渗透率可表示为

$$k_{等}(p) = \frac{k_{g1}(p) h_1 + k_{g2}(p) h_2}{h_1 + h_2} \tag{3-6}$$

将式（3-5）代入式（3-6）即可得等效窜流层考虑动态滑脱效应的气体渗透率方程。

3.2.2.3 气体状态方程

煤系气体积随温度和压力变化的关系与理想气体不同，其主要有两方面原因：一方面理想气体状态方程是高温、低压下的气体状态方程，而且煤系气分子本身就具有大小，当压力升高时，煤系气分子被压缩，煤系气分子的自身体积与煤系气储存空间容积相比不可忽略；另一方面是因为煤系气分子之间存在作用力，当煤系气分子间距离较近时表现为斥力，分子间距离较远时表现为引力，分子间的这种作用力随距离的增大而快速消失。正是因为煤系气与理想气体间的这种差异性，导致其在压缩性上存在一定偏差。对于煤系气而言，温度和压力均对其压缩性产生影响，但煤系气在抽采过程中温度变化很小，压差并不大且非高速流动，此时煤系气体积变化并不是很大，煤系气可近似

认为是不可压缩流体。煤系气的状态方程可表示为

$$\rho_g = \frac{Mp}{RTZ} \quad (3-7)$$

或

$$\rho_g = \frac{\rho_n p}{p_n Z} \quad (3-8)$$

式中：ρ_g 为煤系气密度，g/cm³；T 为温度，K；M 为气体物质的量，g/mol；R 为普氏气体常数，8.314J/（mol·K）；p_n 为标准状态下气体压力，$p_n = 0.10325$MPa；ρ_n 为标准压力下气体密度，g/cm³；Z 为气体压缩因子，在煤系气中近似为 1。

3.3 复合储层煤系气合采层内流动方程

3.3.1 层内流动连续性方程

煤系气储层是一种孔-裂隙发育较好的天然多孔材料，其孔-裂隙无序的分布于煤系气储层中，给煤系气渗流的研究带来了一定的困难。针对这种孔裂隙无序分布的问题，曼德勃罗特提出的分形理论可以有效的解决这一难题。分形理论认为同一材料在不同尺度具有自相似性，即局部孔裂隙分布与整体孔裂隙分布具有一定的相似性。目前已有的研究成果表明，煤系气储层具有自相似性[177-180]。鉴于此，在研究煤系气储层渗流时，若选择的单元尺度适当，其结论扩展应用到整个煤系气储层后误差并不会很大。因此，有关煤系气的渗流实验规律仍然符合煤系气渗流的宏观规律，表征单元体的渗流模型也可以有效地推广用于描述煤系气渗流的客观规律。

在初始孔隙率为 φ_0 的煤系气储层中取一个平行六面体微元为"表征体元（REV）"，边长为 dx、dy 和 dz，六面体微元的边长与各坐标平行，如图3-2所示。

首先分析煤系气在所取的六面体微元 x 方向上的流动。在平行六面体微元面 $abcd$ 中，各点的流速为 q_x，煤系气密度为 ρ_g，经过时间 dt 后从 $abcd$ 流入的煤系气的量为 $\rho_g q_x dydzdt$，由于 $\rho_g q_x$ 是时间和坐标位置相关函数，从与 $abcd$ 平行的面 $a'b'c'd'$ 中流出的煤系气量可按泰勒级数展开，舍去高阶项后为 $\left[\rho_g q_x + \frac{\partial(\rho_g q_x)}{\partial x}dx\right]dydzdt$，因此，在 dt

时间内 x 方向上流入和流出六面体微元的煤系气质量差为

$$\mathrm{d}m_x = \rho_g q_x \mathrm{d}y\mathrm{d}z\mathrm{d}t - \left[\rho_g q_x + \frac{\partial(\rho_g q_x)}{\partial x}\mathrm{d}x\right]\mathrm{d}y\mathrm{d}z\mathrm{d}t = -\frac{\partial(\rho_g q_x)}{\partial x}\mathrm{d}x\mathrm{d}y\mathrm{d}z\mathrm{d}t \quad (3-9)$$

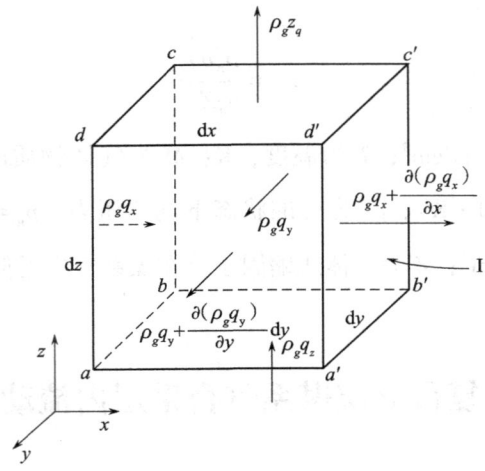

图 3-2　煤系气储层中微元体质量守恒

同理，分析煤系气在六面体微元 y 方向上的流动。在平行六面体微元面 $aa/bb/$ 中，各点的流速为 q_y，煤系气密度为 ρ_g，经过时间 dt 后从 $aa/bb/$ 流入的煤系气的量为 $\rho_g q_y \mathrm{d}x\mathrm{d}z\mathrm{d}t$，由于 $\rho_g q_y$ 是时间和坐标位置相关函数，从与 $aa/bb/$ 平行的面 $cc/dd/$ 中流出的煤系气量可按泰勒级数展开，舍去高阶项后为 $\left[\rho_g q_y + \frac{\partial(\rho_g q_y)}{\partial y}\mathrm{d}y\right]\mathrm{d}x\mathrm{d}z\mathrm{d}t$，因此，在 d$t$ 时间内 y 方向上流入和流出六面体微元的煤系气质量差为

$$\mathrm{d}m_y = \rho_g q_y \mathrm{d}x\mathrm{d}z\mathrm{d}t - \left[\rho_g q_y + \frac{\partial(\rho_g q_y)}{\partial y}\mathrm{d}y\right]\mathrm{d}x\mathrm{d}z\mathrm{d}t = -\frac{\partial(\rho_g q_y)}{\partial y}\mathrm{d}x\mathrm{d}y\mathrm{d}z\mathrm{d}t \quad (3-10)$$

分析煤系气在六面体微元 z 方向上的流动。在平行六面体微元面 $aa/dd/$ 中，各点的流速为 q_z，煤系气密度为 ρ_g，由于基本假设 2，在层内垂向上的流动阻力为 0，因此，

$$\mathrm{d}m_z = 0$$

由以上分析可知，在 dt 时间内流入和流出六面体微元的煤系气质量差为

$$\mathrm{d}m = \mathrm{d}m_x + \mathrm{d}m_y + \mathrm{d}m_z = -\frac{\partial(\rho_g q_x)}{\partial x}\mathrm{d}x\mathrm{d}y\mathrm{d}z\mathrm{d}t - \frac{\partial(\rho_g q_y)}{\partial y}\mathrm{d}x\mathrm{d}y\mathrm{d}z\mathrm{d}t \quad (3-11)$$

若单位体积内煤系气储层中的煤系气含量为 Q，则在 dt 时间内，微元体内的质量变化可表示为

$$\mathrm{d}m' = \left(Q + \frac{\partial Q}{\partial t}\mathrm{d}t\right)\mathrm{d}x\mathrm{d}y\mathrm{d}z - \rho_g\varphi\mathrm{d}x\mathrm{d}y\mathrm{d}z = \frac{\partial Q}{\partial t}\mathrm{d}x\mathrm{d}y\mathrm{d}z\mathrm{d}t \quad (3-12)$$

由 $\mathrm{d}m + I\mathrm{d}x\mathrm{d}y\mathrm{d}z\mathrm{d}t = \mathrm{d}m'$ 得

$$-\frac{\partial(\rho_g q_x)}{\partial x}\mathrm{d}x\mathrm{d}y\mathrm{d}z\mathrm{d}t - \frac{\partial(\rho_g q_y)}{\partial y}\mathrm{d}x\mathrm{d}y\mathrm{d}z\mathrm{d}t + I\mathrm{d}x\mathrm{d}y\mathrm{d}z = \frac{\partial Q}{\partial t}\mathrm{d}x\mathrm{d}y\mathrm{d}z\mathrm{d}t \quad (3-13)$$

式 (3-13) 两边同时约去 $\mathrm{d}x\mathrm{d}y\mathrm{d}z\mathrm{d}t$ 得

$$-\left[\frac{\partial(\rho_g q_x)}{\partial x} + \frac{\partial(\rho_g q_y)}{\partial y}\right] + I = \frac{\partial Q}{\partial t} \quad (3-14)$$

当源汇项 $I=0$ 时，

$$\frac{\partial Q}{\partial t} + \left[\frac{\partial(\rho_g q_x)}{\partial x} + \frac{\partial(\rho_g q_y)}{\partial y}\right] = 0 \quad (3-15)$$

式 (3-15) 即为复合储层煤系气合采时煤系气在层内流动的连续性方程。

3.3.2 层内流动渗流场方程

根据基本假设，煤系气以游离态和吸附态赋存于煤、页岩孔裂隙和基质体中，且满足朗格缪尔等温吸附。因此，单位体积内煤系气储层中的煤系气含量 Q 在 $\mathrm{d}t$ 时间内的变化用偏微分的形式表示为：

$$\frac{\partial Q}{\partial t} = \frac{\partial\left[\left(\frac{abp}{1+bp} + \varphi\frac{p}{p_n}\right)\rho_n\right]}{\partial t} \quad (3-16)$$

根据达西定律，煤系气在层内流动的流速 q_x，q_y 可表示为

$$q_x = \frac{k_{gx}(p)}{\mu}\mathrm{div}(p_x) \quad (3-17)$$

$$q_y = \frac{k_{gy}(p)}{\mu}\mathrm{div}(p_y) \quad (3-18)$$

式中：k_{gx} 和 k_{gy} 为在 x 和 y 方向上考虑动态滑脱效应的气体渗透率。

根据基本假设，煤系气储层为均质体，因此：

$$k_{gx}(p) = k_{gy}(p) = k_g(p) \quad (3-19)$$

将式 (3-16)、式 (3-17)、式 (3-18)、式 (3-19) 代入式 (3-15) 得

$$\frac{\partial\left[\left(\frac{abp}{1+bp} + \varphi\frac{p}{p_n}\right)\rho_n\right]}{\partial t} + \left\{\frac{\partial\left[\rho_g\frac{k_g(p)}{\mu}\mathrm{div}(p_x)\right]}{\partial x} + \frac{\partial\left[\rho_g\frac{k_g(p)}{\mu}\mathrm{div}(p_y)\right]}{\partial y}\right\} = 0$$

$$(3-20)$$

由于 div(p) 为压力梯度，因此：

$$\mathrm{div}(p_x) = \frac{\partial p}{\partial x}, \mathrm{div}(p_y) = \frac{\partial p}{\partial y} \qquad (3-21)$$

将式（3-21）及气体状态方程代入式（3-20）得

$$\frac{\partial\left[\left(\frac{abp}{1+bp}+\varphi\frac{p}{p_n}\right)\rho_n\right]}{\partial t} + \left\{\frac{\partial\left[\frac{\rho_n p k_g(p)}{p_n \mu}\frac{\partial p}{\partial x}\right]}{\partial x} + \frac{\partial\left[\frac{\rho_n p k_g(p)}{p_n \mu}\frac{\partial p}{\partial y}\right]}{\partial y}\right\} = 0 \qquad (3-22)$$

式（3-22）即为考虑动态滑脱效应的层内流动渗流方程。其参数 $k_g(p)$ 为考虑动态滑脱效应的气体渗透率方程，大小与孔隙压力 p 密切相关。该方程考虑了动态滑脱效应对煤系气层内流动的影响。

3.4 复合储层煤系气合采层间流动方程

3.4.1 层间流动连续性方程

根据基本假设，将层间界面等效为只存在垂向流动的等效窜流层，该层是界面两侧两层油气藏垂向流动阻力的等效替代。该层厚度为 h_1+h_2。

在初始孔隙率为 $\varphi_{\text{等}}$ 的等效窜流层中取一个平行六面体微元为"表征体元（REV）"，边长为 dx、dy 和 dz，六面体微元的边长与各坐标轴平行，如图 3-3 所示。

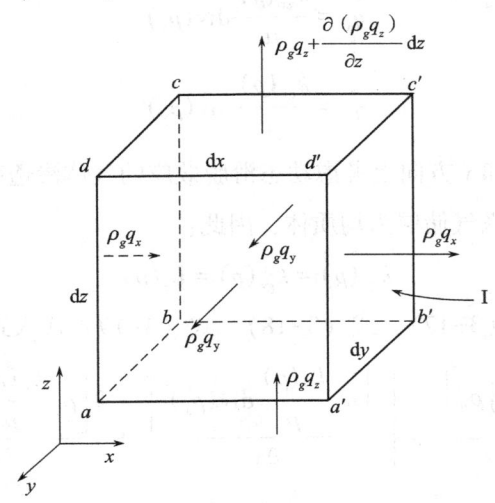

图 3-3 等效窜流层微元体质量守恒

分析煤系气在所取的六面体微元 z 方向上的流动。在平行六面体微元面 $aba/b/$ 中，各点的流速为 q_z，煤系气密度为 ρ_g，经过时间 dt 后从 $cdc/d/$ 流入的煤系气的量为 $\rho_g q_z dydzdt$，由于 $\rho_g q_z$ 是时间和坐标位置相关函数，从与 $aba/b/$ 平行的面 $cdc/d/$ 中流出的煤系气量可按泰勒级数展开，舍去高阶项后为 $\left[\rho_g q_z + \frac{\partial(\rho_g q_z)}{\partial z}dz\right]dxdydt$，因此，在 dt 时间内 z 方向上流入和流出六面体微元的煤系气质量差为

$$dm_z = \rho_g q_z dxdydt - \left[\rho_g q_z + \frac{\partial(\rho_g q_z)}{\partial z}dz\right]dxdydt = -\frac{\partial(\rho_g q_z)}{\partial z}dxdydzdt \quad (3-23)$$

根据基本假设，等效窜流层内 x、y 方向无流动，因此：

$$dm_x = dm_y = 0 \quad (3-24)$$

在 dt 时间内流入和流出等效窜流层六面体微元的煤系气质量差为

$$dm = dm_x + dm_y + dm_z = -\frac{\partial(\rho_g q_z)}{\partial z}dxdydzdt \quad (3-25)$$

若单位体积内等效窜流层中的煤系气含量为 Q，则在 dt 时间内，微元体内的质量变化可表示为

$$dm' = \left(Q + \frac{\partial Q}{\partial t}dt\right)dxdydz - \rho_g \varphi dxdydz = \frac{\partial Q}{\partial t}dxdydzdt \quad (3-26)$$

由 $dm + Idxdydzdt = dm'$ 得

$$-\frac{\partial(\rho_g q_z)}{\partial z}dxdydzdt + Idxdydz = \frac{\partial Q}{\partial t}dxdydzdt \quad (3-27)$$

式（3-27）两边同时约去 $dxdydzdt$ 得

$$-\frac{\partial(\rho_g q_z)}{\partial z} + I = \frac{\partial Q}{\partial t} \quad (3-28)$$

等效虚拟层中无源汇项，因此 $I=0$，式（3-28）变为

$$\frac{\partial Q}{\partial t} + \frac{\partial(\rho_g q_z)}{\partial z} = 0 \quad (3-29)$$

式（3-29）即为等效窜流层流动的连续性方程。

3.4.2 层间流动渗流场方程

根据达西定律，煤系气等效窜流层流时流速 q_z 可表示为

$$q_z = \frac{k_{g\text{等}}(p)}{\mu}\text{div}(p_z) \qquad (3-30)$$

由于等效窜流层与上下两层煤系气储层接触，所以其上、下边界压力为 p_1 和 p_2，层厚为 h_1+h_2，因此压力梯度为

$$\text{div}(p_z) = \frac{p_1+p_2}{h_1+h_2} \qquad (3-31)$$

将式（3-31）代入式（3-30）得

$$q_z = \frac{k_{g\text{等}}(p)}{\mu}\frac{p_1+p_2}{h_1+h_2} \qquad (3-32)$$

根据基本假设（2）和（3），等效窜流层仅等效替代两层垂向流动阻力，是对层间垂向平衡假设的一种弥补，所以在等效窜流层中无气体吸附。因此可以得出：

$$\frac{\partial Q}{\partial t} = \frac{\partial[\rho_g\varphi_\text{等}(p)]}{\partial t} \qquad (3-33)$$

将式（3-32）、式（3-33）代入式（3-29）得

$$\frac{\partial[\rho_g\varphi_\text{等}(p)]}{\partial t} + \frac{\partial\left[\rho_g\dfrac{k_{g\text{等}}(p)}{\mu}\dfrac{p_1+p_2}{h_1+h_2}\right]}{\partial z} = 0 \qquad (3-34)$$

将气体状态方程代入得

$$\frac{\partial\left[\dfrac{\rho_n p}{p_n}\varphi_\text{等}(p)\right]}{\partial t} + \frac{\partial\left[\dfrac{\rho_n p}{p_n}\dfrac{k_{g\text{等}}(p)}{\mu}\dfrac{p_1+p_2}{h_1+h_2}\right]}{\partial z} = 0 \qquad (3-35)$$

将等效窜流层孔隙率演化方程式（3-3）、渗透率演化方程式（3-6）代入式（3-35）得

$$\frac{\partial\left[\dfrac{\rho_n p}{p_n}\dfrac{h_1\varphi_1(p)+h_2\varphi_2(p)}{h_1+h_2}\right]}{\partial t} + \frac{\partial\left[\dfrac{\rho_n p}{p_n}\dfrac{h_1 k_{g1}(p)+h_2 k_{g2}(p)}{\mu(h_1+h_2)}\dfrac{p_1+p_2}{h_1+h_2}\right]}{\partial z} = 0 \qquad (3-36)$$

将式（3-36）化简并整理得

$$\frac{p}{h_1+h_2}\left\{h_1\frac{\partial[\varphi_1(p)]}{\partial t}+h_2\frac{\partial[\varphi_2(p)]}{\partial t}\right\}+\frac{h_1\varphi_1(p)+h_2\varphi_2(p)}{h_1+h_2}\frac{\partial p}{\partial t}$$
$$+\frac{p_1-p_2}{(h_1+h_2)^2}\left\{h_1\frac{\partial[pk_{g1}(p)]}{\partial z}+h_2\frac{\partial[pk_{g2}(p)]}{\partial z}\right\}=0 \qquad (3-37)$$

式（3-37）即为等效窜流层的渗流方程。该方程包含两层气藏压力 p_1 和 p_2 及考虑

动态滑脱效应的气体渗透率 $k_{g1}(p)$ 和 $k_{g2}(p)$。从式（3-37）中可以看出，层间窜流将上下两层的压力 p_1 和 p_2 紧密地联系起来，层内动态滑脱流产生 p_1 和 p_2 两个不同的压力，在压力差下产生层间窜流，层间窜流又使得 p_1 和 p_2 产生变化，影响层内动态滑脱流，层内动态滑脱流与层间窜流耦合作用，共同影响煤系气在复合储层中的运移。

3.5 考虑层间窜流和层内动态滑脱流耦合作用的煤系气渗流模型

本节以前面所建立的层内动态滑脱流控制方程及等效窜流层中的层间流动方程及基本假设为基础，针对煤系气储层中典型的煤-页岩、煤-砂岩两层及煤-页岩-砂岩三层的复合储层，分别建立考虑层间窜流与层内滑脱流的耦合作用煤系气合采渗流模型。

3.5.1 煤-页岩复合储层煤系气合采渗流模型

煤-页岩复合储层煤系气合采气体真实流动如图 3-4 所示。煤-页岩复合储层等效窜流层假设后煤系气流动如图 3-5 所示。

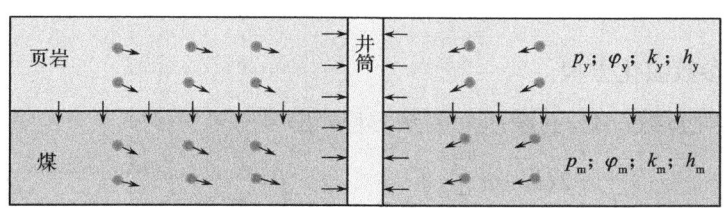

图 3-4　煤-页岩复合储层煤系气合采气体真实流动示意图

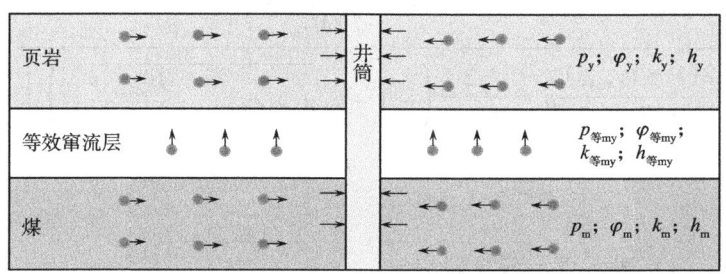

图 3-5　煤-页岩复合储层等效窜流层假设后煤系气流动示意图

在本节中下标 m 代表煤层，下标 y 代表页岩层。

(1) 渗流方程

煤系气在煤层中的流动控制方程：

$$\frac{\partial\left[\left(\frac{abp_m}{1+bp_m}+\varphi\frac{p_m}{p_n}\right)\rho_n\right]}{\partial t}+\left\{\frac{\partial\left[\frac{\rho_n p_m k_{gm}(p)}{p_n \mu}\frac{\partial p_m}{\partial x}\right]}{\partial x}+\frac{\partial\left[\frac{\rho_n p_m k_{gm}(p)}{p_n \mu}\frac{\partial p_m}{\partial y}\right]}{\partial y}\right\}=0$$

(3-38)

煤系气在页岩层中的流动控制方程：

$$\frac{\partial\left[\left(\frac{abp_y}{1+bp_y}+\varphi\frac{p_y}{p_n}\right)\rho_n\right]}{\partial t}+\left\{\frac{\partial\left[\frac{\rho_n p_y k_{gy}(p)}{p_n \mu}\frac{\partial p_y}{\partial x}\right]}{\partial x}+\frac{\partial\left[\frac{\rho_n p_y k_{gy}(p)}{p_n \mu}\frac{\partial p_y}{\partial y}\right]}{\partial y}\right\}=0$$

(3-39)

煤系气在煤-页岩复合储层等效窜流层中的流动控制方程：

$$\frac{p_{my}}{h_m+h_y}\left\{h_m\frac{\partial[\varphi_m(p_{my})]}{\partial t}+h_y\frac{\partial[\varphi_y(p_{my})]}{\partial t}\right\}+\frac{h_m\varphi_m(p)+h_y\varphi_y(p_{my})}{h_m+h_y}\frac{\partial p_{my}}{\partial t}$$
$$+\frac{p_m-p_y}{(h_m+h_y)^2}\left\{h_m\frac{\partial[p_{my}k_{gm}(p_{my})]}{\partial z}+h_y\frac{\partial[p_{my}k_{gy}(p_{my})]}{\partial z}\right\}=0$$

(3-40)

(2) 基本参数演化方程

煤层、页岩层渗透率与孔隙压力关系方程：

$$k_{g(m,y)}(p)=k_{\infty 0(m,y)}\left[1+\frac{2(1-\nu_{(m,y)})}{\varphi_{0(m,y)}E_{(m,y)}}p+\frac{2}{\varphi_{0(m,y)}}\left(-1+\sqrt{1+\varepsilon_{l(m,y)}\frac{\beta_{(m,y)}p}{1+\beta_{(m,y)}p}}\right)\right]^3$$

$$\cdot\left(1+\frac{16c\mu\sqrt{\frac{\pi R_g T}{2M_{(m,y)}}}}{\left[1+\frac{2(1-\nu_{(m,y)})}{\varphi_0 E_{(m,y)}}p+\frac{2}{\varphi_{0(m,y)}}\left(-1+\sqrt{1+\varepsilon_{l(m,y)}\frac{\beta_{(m,y)}p}{1+\beta_{(m,y)}p}}\right)\right]\sqrt{\frac{k_{\infty 0(m,y)}}{\varphi_{0(m,y)}}}}{p}\right)$$

(3-41)

式中：下标 (m,y) 表示煤层或页岩层。

煤层、页岩层孔隙率与孔隙压力关系方程：

$$\varphi_{(m,y)}(p) = \varphi_{0(m,y)} + \frac{2(1-\nu_{(m,y)})}{E_{(m,y)}}p + 2\left[-1 + \sqrt{1 - \varepsilon_{l_{(m,y)}}\frac{\beta_{(m,y)}p}{1+\beta_{(m,y)}p}}\right]$$

(3-42)

(3) 边界条件及初始条件

初始条件：因为煤层和页岩层直接接触，属于同一个压力系统，因此设煤系地层的煤层及页岩层初始压力均为 p_0，则：

$$p_m\big|_{t=0} = p_y\big|_{t=0} = p_0 \quad (3-43)$$

内边界条件：采用定压抽采煤系气，其井筒位置处压力为 p_{20}：

$$p(x,y,z,t)\big|_{x^2+y^2=r^2} = p_{20} \quad (3-44)$$

外边界条件：设煤系气储层长、宽均为 L，井筒轴线中心坐标 $x=0$，$y=0$，煤层和页岩层顺层方向边界为无补给边界，其外边界坐标 $x=\pm L/2$，$y=\pm L/2$，外边界条件为：

$$\frac{\partial p_m}{\partial t}\bigg|_{x=\pm\frac{L}{2}} = 0; \quad \frac{\partial p_m}{\partial t}\bigg|_{y=\pm\frac{L}{2}} = 0; \quad \frac{\partial p_y}{\partial t}\bigg|_{x=\pm\frac{L}{2}} = 0; \quad \frac{\partial p_y}{\partial t}\bigg|_{y=\pm\frac{L}{2}} = 0 \quad (3-45)$$

组合煤、页岩的层内流动渗流方程式（3-38）、式（3-39）；等效窜流层流动方程式（3-40）；参数演化方程式（3-41）、式（3-42）以及初始条件式（3-43）、内边界条件式（3-44）和外边界条件式（3-45）就构成了考虑层间窜流与层内滑脱流耦合作用的煤-页岩复合储层渗流模型。

3.5.2 煤-砂岩复合储层煤层气合采渗流模型

煤-砂岩复合储层煤系气合采气体真实流动如图 3-6 所示。煤-砂岩复合储层等效窜流层假设后煤系气流动如图 3-7 所示。

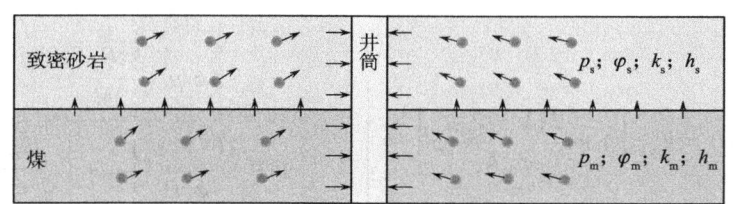

图 3-6 煤-砂岩复合储层煤系气合采气体真实流动示意图

在本节中下标 m 代表煤层，下标 s 代表砂岩层。

(1) 渗流方程

煤系气在煤层中的流动控制方程同式（3-38）。

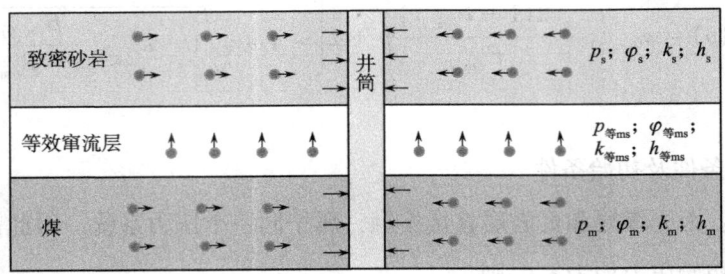

图 3-7　煤-砂岩复合储层等效窜流层假设后煤系气流动示意图

煤系气在砂岩层中的流动控制方程：

$$\frac{\partial\left[\left(\frac{abp_s}{1+bp_s}+\varphi\frac{p_s}{p_n}\right)\rho_n\right]}{\partial t}+\left\{\frac{\partial\left[\frac{\rho_n p_s k_{gs}(p)}{p_n\mu}\frac{\partial p_s}{\partial x}\right]}{\partial x}+\frac{\partial\left[\frac{\rho_n p_s k_{gs}(p)}{p_n\mu}\frac{\partial p_s}{\partial y}\right]}{\partial y}\right\}=0 \quad (3-46)$$

煤系气在煤-砂岩复合储层等效窜流层中的流动控制方程：

$$\frac{p_{ms}}{h_m+h_s}\left\{h_m\frac{\partial[\varphi_m(p_{ms})]}{\partial t}+h_s\frac{\partial[\varphi_s(p_{ms})]}{\partial t}\right\}+\frac{h_m\varphi_m(p)+h_s\varphi_s(p_{ms})}{h_m+h_s}\frac{\partial p_{ms}}{\partial t}$$
$$+\frac{p_m-p_s}{(h_m+h_s)^2}\left\{h_m\frac{\partial[p_{ms}k_{gm}(p_{ms})]}{\partial z}+h_s\frac{\partial[p_{ms}k_{gs}(p_{ms})]}{\partial z}\right\}=0 \quad (3-47)$$

（2）基本参数演化方程

煤层渗透率与孔隙压力关系方程同式（3-41）：

由于砂岩层无吸附气体，因此砂岩层考虑动态滑脱效应的气体渗透率与孔隙压力关系为

$$k_{gs}(p)=k_{\infty 0s}\left[1+\frac{2(1-\nu_s)}{\varphi_{0s}E_s}p\right]^3\cdot\left(1+\frac{16c\mu\sqrt{\frac{\pi R_g T}{2M_s}}}{\left[1+\frac{2(1-\nu_s)}{\varphi_0 E_s}p+\right]\sqrt{\frac{k_{\infty 0s}}{\varphi_{0s}}}}\right) \quad (3-48)$$

煤层孔隙率与孔隙压力关系方程同式（3-42）。

由于砂岩层无吸附气体，因此砂岩层孔隙率与孔隙压力关系方程为

$$\varphi_s(p)=\varphi_{0s}+\frac{2(1-\nu_s)}{E_s}p \quad (3-49)$$

(3) 边界条件及初始条件

初始条件：因为煤层和砂岩层直接接触，属于同一个压力系统，因此设煤系地层的煤层及砂岩层初始压力均为 p_0，则：

$$p_m|_{t=0} = p_s|_{t=0} = p_0 \qquad (3-50)$$

内边界条件：采用定压抽采煤系气，其井筒位置处压力为 p_{20}：

$$p(x,y,z,t)|_{x^2+y^2=r^2} = p_{20} \qquad (3-51)$$

外边界条件：设煤系气储层长、宽均为 L，井筒轴线中心坐标 $x=0$，$y=0$，岩煤层和页岩层顺层方向边界为无补给边界，其外边界坐标 $x=\pm L/2$，$y=\pm L/2$，外边界条件为

$$\left.\frac{\partial p_m}{\partial t}\right|_{x=\pm\frac{L}{2}}=0;\quad \left.\frac{\partial p_m}{\partial t}\right|_{y=\pm\frac{L}{2}}=0;\quad \left.\frac{\partial p_s}{\partial t}\right|_{x=\pm\frac{L}{2}}=0;\quad \left.\frac{\partial p_s}{\partial t}\right|_{y=\pm\frac{L}{2}}=0 \qquad (3-52)$$

组合煤、砂岩的层内流动渗流方程式（3-38）、式（3-46）；等效窜流层流动方程式（3-47）；参数演化方程式（3-41）、式（3-42）、式（3-48）、式（3-49）以及初始条件式（3-50）、内边界条件式（3-51）和外边界条件式（3-52）就构成了考虑层间窜流与层内滑脱流耦合作用的煤-砂岩复合储层渗流模型。

3.5.3 煤-页岩-砂岩复合储层煤层气合采渗流模型

煤-砂岩复合储层煤系气合采气体真实流动如图 3-8 所示。煤-砂岩复合储层等效窜流层假设后煤系气流动如图 3-9 所示。

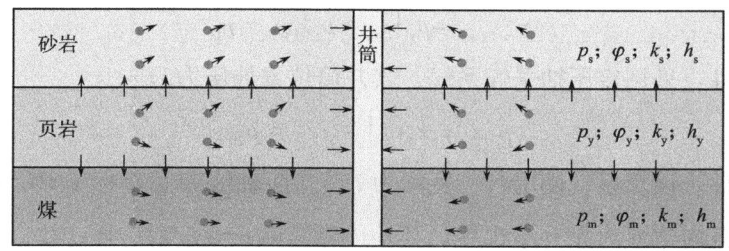

图 3-8 煤-页岩-砂岩复合储层煤系气合采气体真实流动示意图

(1) 渗流方程

煤系气在煤层中的流动控制方程同式（3-38）。

煤系气在页岩层中的流动控制方程同式（3-39）。

煤系气在砂岩层中的流动控制方程同式（3-46）。

煤系气在煤-页岩储层等效窜流层中流动控制方程同式（3-40）。

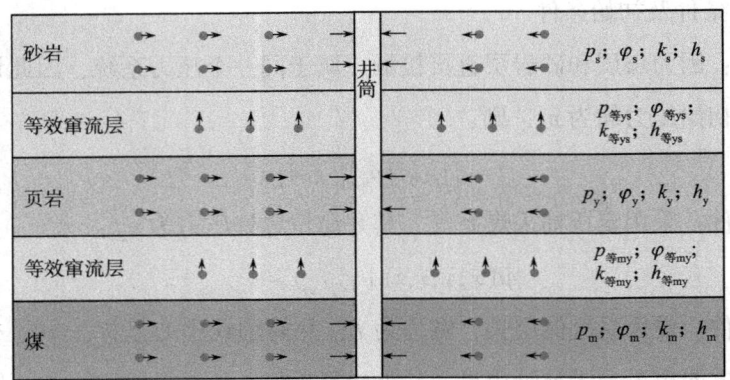

图 3-9 煤-页岩-砂岩复合储层等效窜流层假设后煤系气流动示意图

煤系气在煤-砂岩储层等效窜流层中流动控制方程同式（3-47）。

（2）基本参数演化方程

煤层、页岩渗透率与孔隙压力关系方程同式（3-41）。

砂岩层渗透率与孔隙压力关系方程同式（3-48）。

煤层、页岩层孔隙率与孔隙压力关系方程同式（3-42）。

砂岩层孔隙率与孔隙压力关系方程同式（3-49）。

（3）边界条件及初始条件

初始条件：因为煤层、页岩层和砂岩层直接接触，属于同一个压力系统，因此设煤系地层的煤层、页岩层及砂岩层初始压力均为 p_0，则：

$$p_m|_{t=0} = p_y|_{t=0} = p_s|_{t=0} = p_0 \qquad (3-53)$$

内边界条件：采用定压抽采煤系气，其井筒位置处压力为 p_{20}：

$$p(x,y,z,t)|_{x^2+y^2=r^2} = p_{20} \qquad (3-54)$$

外边界条件：设煤系气储层长、宽均为 L，井筒轴线中心坐标 $x=0$，$y=0$，岩煤层和页岩层顺层方向边界为无补给边界，其外边界坐标 $x=\pm L/2$，$y=\pm L/2$，外边界条件为

$$\left.\frac{\partial p_m}{\partial t}\right|_{x=\pm\frac{L}{2}} = 0; \quad \left.\frac{\partial p_m}{\partial t}\right|_{y=\pm\frac{L}{2}} = 0; \quad \left.\frac{\partial p_y}{\partial t}\right|_{x=\pm\frac{L}{2}} = 0;$$

$$\left.\frac{\partial p_y}{\partial t}\right|_{y=\pm\frac{L}{2}} = 0; \quad \left.\frac{\partial p_s}{\partial t}\right|_{x=\pm\frac{L}{2}} = 0; \quad \left.\frac{\partial p_s}{\partial t}\right|_{y=\pm\frac{L}{2}} = 0 \qquad (3-55)$$

组合煤、页岩和砂岩的层内流动渗流方程式（3-38）、式（3-39）和式（3-46）；等效窜流层流动方程式（3-40）和式（3-47）；参数演化方程式（3-41）、式（3-42）、式（3-48）、式（3-49）以及初始条件式（3-53）、内边界条件式（3-54）和外边界条件

式（3-55）就构成了考虑层间窜流与层内滑脱流耦合作用的煤-页岩-砂岩复合储层煤系气渗流模型。

3.6 本章小结

本章对煤系气在煤系复合储层的运移过程及机理进行了分析，在垂向平衡、等效窜流层等基本假设的前提下，采用渗流力学基础理论，建立了考虑层间窜流和层内动态滑脱流耦合作用的煤系气运移方程，针对煤-页岩、煤-砂岩及煤-页岩-砂岩三类煤系复合储层建立了考虑层间窜流和层内动态滑脱流耦合作用的煤系气合采渗流模型。具体结论如下：

① 以垂向平衡假设为前提，以渗流力学中的达西定律为基础理论，分析了煤系气在复合储层层内流动规律，建立了考虑动态滑脱流的层内流动方程式（3-22）。该方程含有考虑动态滑脱系数的气体渗透率演化方程 $k_g(p)$，控制煤系气在层内动态滑脱流。

② 以等效窜流层假设为前提，以渗流力学中的达西定律为基础理论，分析了煤系气在等效窜流层中的流动规律，建立了煤系气在层间界面处的窜流方程，即等效窜流层中的流动方程式（3-37），该方程包含两层气藏压力 p_1 和 p_2 及考虑动态滑脱效应的气体渗透率 $k_{g1}(p)$ 和 $k_{g2}(p)$，将上下两层气藏压力紧密联系在一起，并且等效窜流层中的气体流动使得 p_1 和 p_2 发生变化，p_1 和 p_2 的变化又反过来影响等效窜流层中气体的流动，层间窜流与层内动态滑脱流在该层内发生耦合作用。该模型是煤层气合采层间窜流与层内动态滑脱流耦合作用模型。

③ 针对煤系地层中常见的煤-页岩、煤-砂岩及煤-页岩-砂岩复合煤系气储层，结合煤系气抽采时的实际情况，建立相应的初始条件、边界条件等，以煤系气在复合储层层内流动方程，等效窜流层流动方程为基础，建立了考虑层间窜流与层内动态滑脱流耦合作用的煤-页岩、煤-砂岩及煤-页岩-砂岩复合储层煤系气渗流模型。

第 4 章
复合储层煤系气合采压力分布及变化规律的数值模拟研究

前面章节对单一储层滑脱系数的动态演化机理及复合储层煤系气合采时层间窜流与层内动态滑脱流的耦合作用机理进行了研究，建立了考虑层间窜流和层内动态滑脱流耦合作用的煤-页岩、煤-砂岩及煤-页岩-砂岩复合储层煤系气合采渗流模型。该模型中含有复杂偏微分方程组，且各偏微分方程组相互关联，需联立求解。目前对于此类偏微分方程组，无法求得解析解，常采用数值方法求解，如采用 Fortran、C++等语言进行编程，然后进行数值计算，此类方法所计算的单元较少、效率较低，对于大型工程的数值计算求解适用性较差。COMSOL Multiphysics 是一款大型的多场耦合模拟软件，具有良好的用户交互界面，用户可以输入自己所建立的偏微分方程进行数值求解。因此，本章选用 COMSOL Multiphysics 软件数值模拟研究煤系气合采时层间窜流、层内动态滑脱流及其耦合作用对各层压力分布的影响及随抽采时间、初始渗透率、层间渗透率比等的变化规律，为清楚认识复合储层煤系气合采储层压力变化规律提供保障。

4.1　COMSOL Multiphysics 软件

COMSOL Multiphysics 是一款大型的高级数值仿真软件，由瑞典的 COMSOL 公司开发，是一个基于偏微分方程的专业有限元数值分析软件包，是一种针对多物理场模型进行建模和仿真计算的交互式开发环境系统。因该软件的建模求解功能基于一般偏微分方程的有限元求解，所以可以连接并求解任意物理场的耦合问题，被当今世界科学家称为"第一款真正的任意多物理场直接耦合分析软件"，适用于模拟科学和工程领域的各种物理过程，它以高效的计算性能和杰出的多场直接耦合分析能力实现了任意多物理场的高度精确的数值仿真，在全球领先的数值仿真领域里得到了广泛应用。

COMSOL Multiphysics 软件通过把任意多物理场应用模块整合成对一个单一问题的描述，使得建立耦合问题变得更为容易。针对不同的具体问题，可进行静态和动态分析、线性和非线性分析、特征值和模态分析等各种数值分析。其显著特征归纳起来主要有以下几点[86]：①求解多场问题等于求解方程组，用户只需选择或者自定义不同专业的偏微分方程，进行任意组合便可轻松实现多物理场的直接耦合分析；②完全开放的框架结构，用户可在图形界面中轻松自由定义所需的专业偏微分方程；③任意独立函数控制的求解参数，材料属性、边界条件、载荷均支持参数控制；④专业的计算模型库，内置各种常用的物理模型，用户可轻松选择并进行必要的修改；⑤内嵌丰富的 CAD 建模工具，用户可直接在软件中进行二维和三维建模；⑥全面的第三方 CAD 导入功能，支持当前主流 CAD 软件格式文件的导入；⑦强大的网格剖分能力，支持多种网格剖分，支持移动网格功能；⑧对于不同物理场中交叉耦合项的处理简单有效，一方面，在各物理场的偏微分方程中考虑了不同场的影响，另一方面，各物理场中的计算变量可以直接用于耦合关系的定义；⑨自带 Script 语言并兼容 Matlab 语言，具有强大的二次开发功能，对于创新性理论研究尤为适合；⑩丰富的后处理功能，可根据用户的需要进行各种数据、曲线、图片及动画的输出与分析。

在使用 COMSOL Multiphysics 软件的过程中，用户可以自行通过建立几何模型和偏微分方程进行建模，并把它们输入到软件中去，也可以使用 COMSOL Multiphysics 提供的特定的物理应用模型（图 4-1）。这些物理模型都是针对不同的物理领域而预先定义

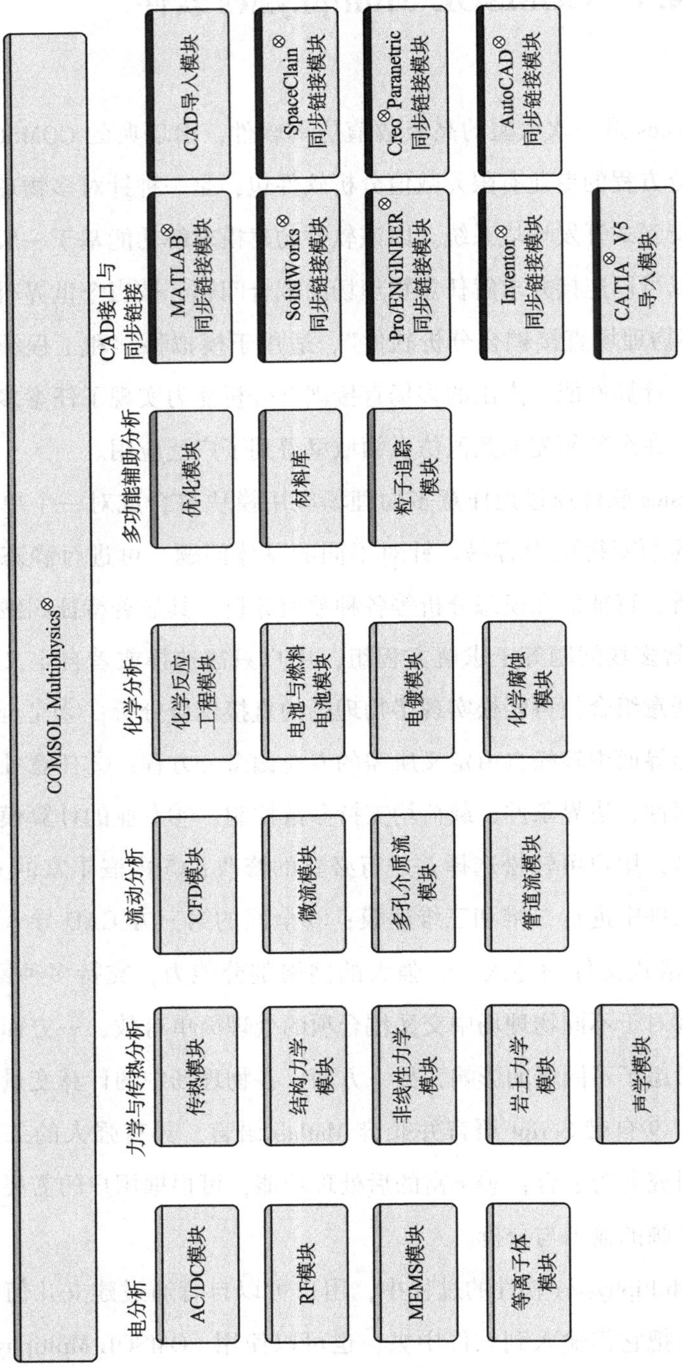

图 4-1 COMSOL 软件模块[130]

的，从方程形式到各种物理参数的输入都符合各学科的具体规范，用户可以从这些预定义的模型开始进行自己的数值建模，从而大大减轻了科研人员的工作量。软件中预先定义的物理模型主要有[181]：①结构力学模块；②化学工程模块；③热传导模块；④AC/DC模块；⑤射频模块；⑥微机电模块；⑦地球科学模块；⑧声学模块；⑨反应工程实验室；⑩信号与系统实验室；⑪最优化实验室；⑫CAD 导入模块；⑬二次开发模块。

如果用户要求解的问题不属于软件中已定义的物理模型，可以应用 COMSOL Multiphysics 提供的 PDE 模式即偏微分方程模式，通过定义偏微分方程及定解条件来求解问题。COMSOL Multiphysics 中的偏微分方程有如下 3 种形式：①系数形式（coefficient form）；②一般形式（general form）；③弱解形式（weak form）。其中系数形式和一般形式十分类似，系数形式主要解决线性问题，而一般形式可以解决线性和弱的线性问题。而弱解形式主要用于解决非线性问题以及一些无法用前两者表达的线性问题。弱解形式是功能最为强大的一种求解方法，尤其能解决时间和空间混合导数的情形，前两者可以解决的问题都可以用弱解形式解决，只是更为复杂些。

COMSOL Multiphysics 是一个完整的数值模拟软件，通过其交互建模环境，从开始建立模型一直到分析结束，不需要借助任何其他软件；该软件的集成工具可以确保用户有效地进行建模过程的每一步骤。通过便捷的图形环境，可在不同步骤之间进行转换，相当方便，即使改变几何模型尺寸，模型仍然保留边界条件和约束方程。典型的建模过程包括以下 6 个步骤：建立几何模型、定义物理参数、划分有限元网格、求解、可视化后处理、拓扑优化和参数化分析。

4.2 模型建立及模拟方案

4.2.1 模型建立

本节以典型的煤–页岩、煤–砂岩复合储层煤系气合采为例，以第 3 章建立的考虑层间窜流与层内动态滑脱流耦合作用的煤系气渗流模型为基础，采用 COMSOL 数值模拟软件进行数值求解，研究在煤–页岩、煤–砂岩复合储层煤系气合采时层间窜流、层内动态滑脱流及其耦合作用对各储层压力的影响。

(1) 煤-页岩复合储层

① 模型基本参数选取。在煤-页岩复合储层合采的模拟中，模拟的工程条件为：上层为页岩，下层为煤，煤和页岩直接接触，煤层厚度为 5m，长度为 200m，页岩层厚度为 5m，长度为 200m；抽采井筒位于模型的中间位置，布置直径为 0.1m，如图 4-2（a）。采用定压抽采的方式对煤-页岩复合储层进行煤系气合采，抽采压力 $p_{20}=0.2$ MPa，在模型边界处无气体流出。由于煤系气储层处于同一个压力系统中，所以假设煤层和页岩层中的初始压力相同，$p_{0煤}=p_{0页}=8$ MPa。在模拟过程中不考虑温度的变化，假定温度保持不变，$T=293.15$ K。

② 等效窜流层设置。选取 COMSOL 软件中的达西定律模块，在该模块下将层间界面设置为薄壁垒，薄壁垒模块将层间界面看作一个厚度为 d_b，渗透率为 k_b，且只存在垂向流动的薄层，与本书假设的等效窜流层相互吻合，因此在 COMSOL 模拟时将等效窜流层设置为薄壁垒。其厚度 $d_b=h_{等my}=h_m+h_y$，渗透率 $k_b=k_{等my}(p)=\dfrac{k_{gm}(p)h_m+k_{gy}(p)h_y}{h_m+h_y}$。

在模拟无窜流时将层间界面设置为内壁，其通过流量为 0。

在 COMSOL 软件中薄壁垒为一层薄壁，其厚度和渗透率都是等效得出的，在模型中不显示其厚度，如图 4-2（b）所示。

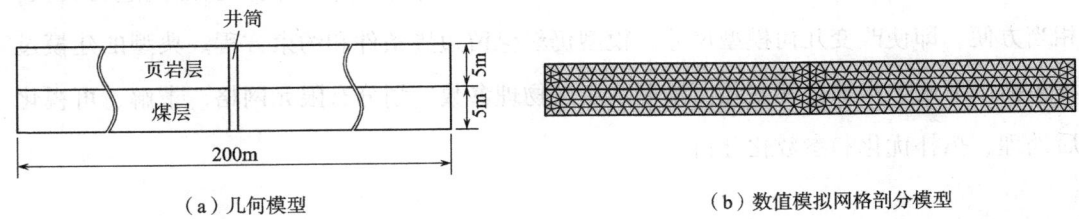

（a）几何模型　　　　　　　　　　（b）数值模拟网格剖分模型

图 4-2　煤-页岩组合储层模型示意图

(2) 煤-砂岩复合储层

① 模型基本参数选取。在煤-砂岩复合储层合采的模拟中，模拟的工程条件为：上层为砂岩，下层为煤，煤和砂岩直接接触，煤层厚度为 5m，长度为 200m，砂岩层厚度为 5m，长度为 200m；抽采井筒位于模型的中间位置，布置直径为 0.1m，如图 4-3（a）。采用定压抽采的方式对煤-砂岩储层进行煤系气合采，抽采压力 $p_{20}=0.2$ MPa，在模型边界处无气体流出。由于煤系气储层处于同一个压力系统中，所以假设煤层和页岩层中的初始压力相同，$p_{0煤}=p_{0页}=8$ MPa。在模拟过程中不考虑温度的变化，假定温度保持不变，$T=293.15$ K。

② 等效窜流层设置。将煤-砂岩复合储层设置为薄壁垒，其厚度 $d_b = h_{等ms} = h_m + h_s$，渗透率 $k_b = k_{等ms}(p) = \dfrac{k_{gm}(p)h_m + k_{gs}(p)h_s}{h_m + h_s}$。

在模拟无窜流时将层间界面设置为内壁，其通过流量为 0。

在 COMSOL 软件中薄壁垒为一层薄壁，其厚度和渗透率都是等效得出的，在数值模型中不显示其厚度，如图 4-3（b）所示。

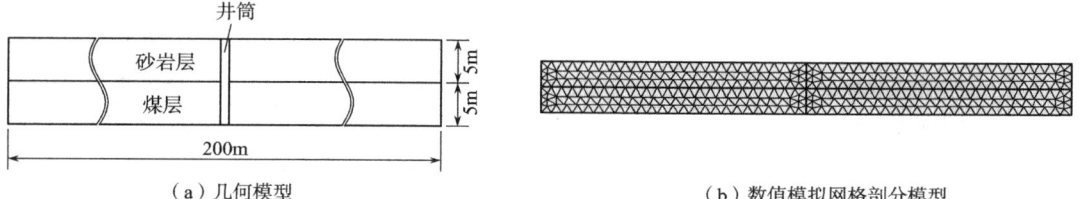

图 4-3 煤-砂岩组合储层模型示意图

4.2.2 模拟方案及参数

为深入探讨层间窜流、层内滑脱流及其耦合作用对复合储层煤系气合采时各层孔隙压力的影响及其随储层物性参数差异的变化规律，本节以典型的煤-页岩、煤-砂岩复合储层为例，分别研究层内动态滑脱流、层间窜流及其耦合作用对各层压力分布的影响及其随抽采时间、初始渗透率大小及层间渗透率差异的变化规律。

本节建立 4 个模拟方案来对模型进行计算：

模拟方案 1 为对比方案，将模拟结果与模拟方案 2、3、4 进行比对，分析各因素的影响；

模拟方案 2 为仅考虑动态滑脱流的影响，通过将各模型模拟结果与模拟方案 1 对比，研究动态滑脱流对煤-页岩、煤-砂岩复合储层合采时压力分布的影响及压力分布随抽采时间、渗透率大小的变化规律；

模拟方案 3 为仅考虑层间窜流的影响，通过与模拟方案 1 对比，研究层间窜流对煤-页岩、煤-砂岩复合储层合采时压力分布的影响及压力分布随抽采时间、层间渗透率差异的变化规律；

模拟方案 4 为考虑层间窜流与层内动态滑脱流耦合作用的影响，通过与模拟方案 1、2 和 3 对比，研究层间窜流与层内动态滑脱流耦合作用对煤-页岩、煤-砂岩复合储层合采时压力分布的影响及压力分布随抽采时间、层间渗透率差异的变化规律。

模拟方案及模拟参数见表4-1。

表4-1 数值模拟方案及模拟参数

研究内容	复合储层类型	模型
无层间窜流与层内动态滑脱流 （模拟方案1）	煤-页岩	模拟方案2、3、4的各个模型
	煤-砂岩	模拟方案2、3、4的各个模型
动态滑脱流的影响 （模拟方案2）	煤-页岩	模型 MY1-1，$k_{m0}=5$，$k_{y0}=2.5$
		模型 MY1-2，$k_{m0}=1$，$k_{y0}=0.5$
		模型 MY1-3，$k_{m0}=0.5$，$k_{y0}=0.1$
		模型 MY1-4，$k_{m0}=0.1$，$k_{y0}=0.05$
	煤-砂岩	模型 MS1-1，$k_{s0}=5$，$k_{m0}=2.5$
		模型 MS1-2，$k_{s0}=1$，$k_{m0}=0.5$
		模型 MY1-3，$k_{s0}=0.5$，$k_{m0}=0.1$
		模型 MY1-4，$k_{s0}=0.1$，$k_{m0}=0.05$
层间窜流的影响 （模拟方案3）	煤-页岩	模型 MY2-1，$k_{m0}=5$，$k_{y0}=2.5$
		模型 MY2-2，$k_{m0}=5$，$k_{y0}=0.5$
		模型 MY2-3，$k_{m0}=5$，$k_{y0}=0.1$
		模型 MY2-4，$k_{m0}=5$，$k_{y0}=0.05$
	煤-砂岩	模型 MS2-1，$k_{s0}=5$，$k_{m0}=2.5$
		模型 MS2-2，$k_{s0}=5$，$k_{m0}=0.5$
		模型 MY2-3，$k_{s0}=5$，$k_{m0}=0.1$
		模型 MY2-4，$k_{s0}=5$，$k_{m0}=0.05$
层间窜流与层内动态滑脱流 耦合作用的影响 （模拟方案4）	煤-页岩	模型 MY3-1，$k_{m0}=5$，$k_{y0}=2.5$
		模型 MY3-2，$k_{m0}=5$，$k_{y0}=0.5$
		模型 MY3-3，$k_{m0}=5$，$k_{y0}=0.1$
		模型 MY3-4，$k_{m0}=5$，$k_{y0}=0.05$
	煤-砂岩	模型 MS3-1，$k_{s0}=5$，$k_{m0}=2.5$
		模型 MS3-2，$k_{s0}=5$，$k_{m0}=0.5$
		模型 MY3-3，$k_{s0}=5$，$k_{m0}=0.1$
		模型 MY3-4，$k_{s0}=5$，$k_{m0}=0.05$

注：下标 m、y、s 分别代表煤、页岩和砂岩；渗透率单位为 1×10^{-2} mD。

4.3 动态滑脱流对储层压力分布的影响及变化规律

本节通过对比考虑与不考虑动态滑脱效应时各层压降范围差异，研究动态滑脱流对煤-页岩、煤-砂岩复合储层压力变化的影响及随抽采时间、初始渗透率的变化规律。

4.3.1 动态滑脱流对储层压力分布的影响随抽采时间的变化规律

1）煤-页岩复合储层

图4-4、图4-5为不考虑和考虑动态滑脱效应的煤-页岩复合储层抽采30d、60d、90d和120d后压力分布等值线图。图4-6为煤层、页岩层考虑与不考虑动态滑脱效应的压降范围差随抽采时间变化曲线（压降大于3MPa范围）。

从图4-4~图4-6中可以看出考虑与不考虑动态滑脱效应的煤、页岩层压降范围均随抽采时间的增加逐步增大；考虑与不考虑动态滑脱效应的压降范围差随抽采时间的增加先减小后增大。以压降大于3MPa为例，煤层抽采30d、60d后压降大于3MPa的范围比不考虑时分别增大了2.60m和1.16m，抽采90d、120d后却减小了0.12m和1.46m；页岩层抽采30d后压降大于3MPa范围比不考虑时增大了1.24m，抽采60d、90d和120d后却减小了0.12m、2.04m和3.96m。其机理为煤、页岩层动态滑脱效应的变化受有效应力和基质收缩效应两方面影响，随抽采时间的增加，孔隙压力降低，有效应力增大，煤、页岩层被压实，孔隙半径减小，滑脱系数增大；孔隙压力降低，煤、页岩中吸附的甲烷解吸，解吸引起煤、页岩基质体收缩变形，孔隙半径增大，滑脱系数减小。两方面影响因素相互竞争，共同对滑脱系数变化产生影响，煤、页岩对甲烷的吸附符合朗格缪尔等温吸附式，在抽采初期孔隙压力较大，解吸量较小，基质收缩引起的孔隙变形小于有效应力引起的孔隙变形，动态滑脱系数整体呈增大趋势，此时动态滑脱效应使得煤、页岩流动能力增加，因此导致抽采初期考虑动态滑脱效应后煤、页岩压降范围增大。随抽采时间的增加，煤、页岩层中的孔隙压力逐渐降低，大量的甲烷从煤、页岩中解吸出来，使得基质收缩产生的变形大于有效应力引起的变形，此时滑脱系数呈减小趋势，考虑动态滑脱效应后，煤、页岩层的流动能力减弱，因此导致在抽采后期煤、页岩层考虑动态滑脱效应后压降范围减小。

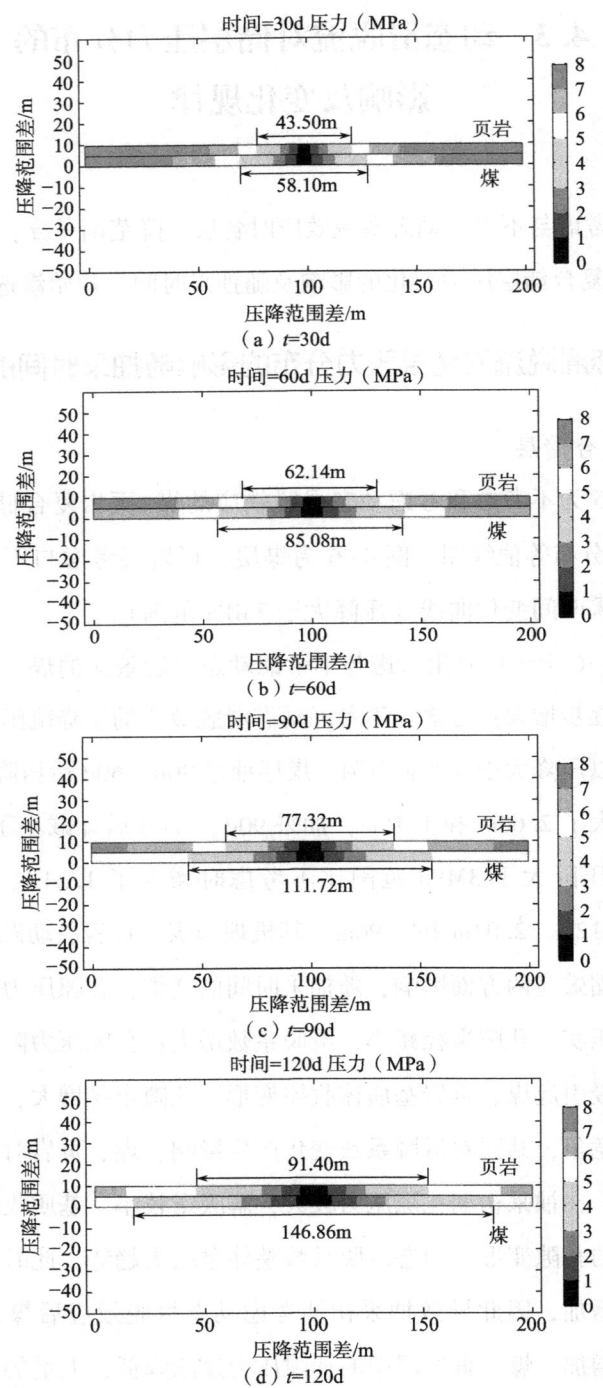

图 4-4　不考虑动态滑脱效应时煤-页岩复合储层压力分布等值线图
($k_{m0} = 5 \times 10^{-2}\,\text{mD}$，$k_{y0} = 2.5 \times 10^{-2}\,\text{mD}$)

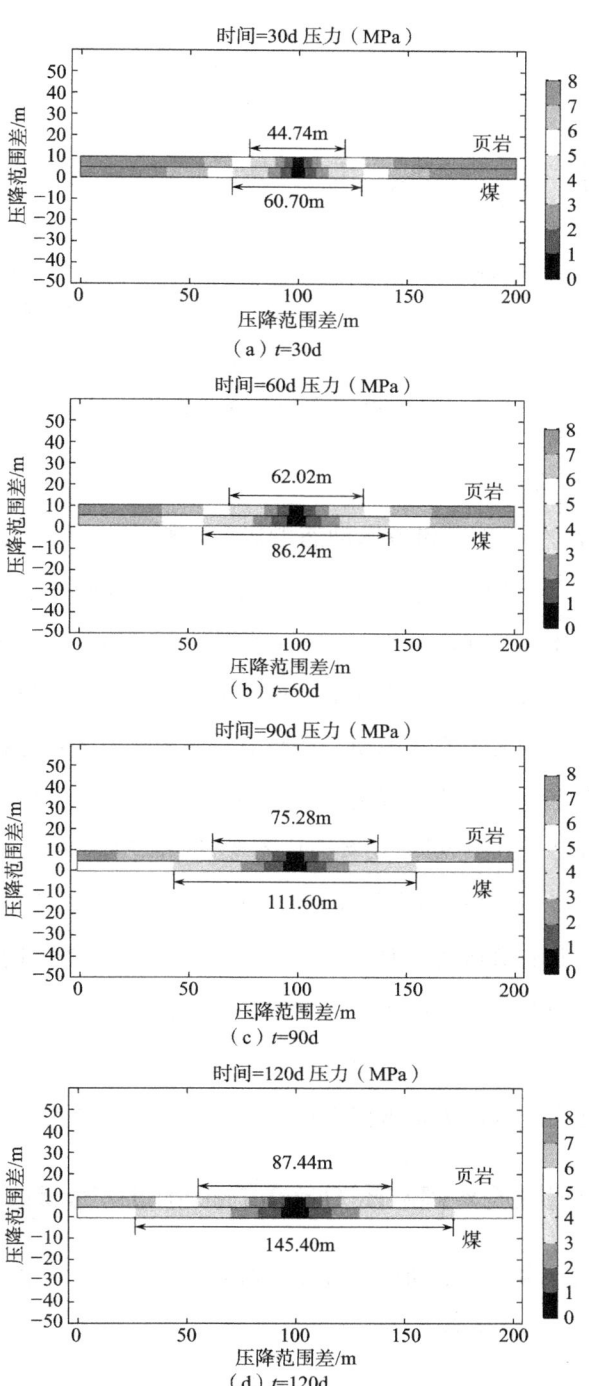

图 4-5 考虑动态滑脱效应时煤-页岩复合储层压力分布等值线图

($k_{m0} = 5×10^{-2}$ mD,$k_{y0} = 2.5×10^{-2}$ mD)

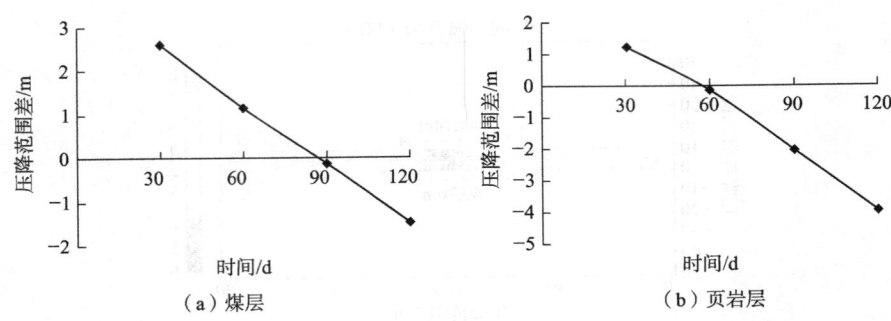

图 4-6 煤层和页岩层考虑与不考虑动态滑脱效应的压降范围差
随抽采时间变化的曲线（压降大于 3MPa 范围）

2) 煤-砂岩复合储层

图 4-7、图 4-8 为不考虑和考虑动态滑脱效应煤-砂岩复合储层抽采 30d、60d、90d 和 120d 后压力分布等值线图。图 4-9 为砂岩层考虑与不考虑动态滑脱效应的压降范围差随抽采时间变化曲线（压降大于 3MPa 范围）。从图 4-7~图 4-9 中可以看出，砂岩层考虑与不考虑动态滑脱效应的压降范围均随抽采时间的增加逐步增大；砂岩层考虑动态滑脱效应的压降范围大于不考虑动态滑脱效应的压降范围；随抽采时间的增加，砂岩层考虑与不考虑动态滑脱效应的压降范围差越来越大。以压降大于 3MPa 范围为例，抽采 30d、60d、90d 和 120d 后砂岩层考虑比不考虑动态滑脱效应的压降范围大 0.46m、0.66m、1.14m 和 1.86m。其机理为随抽采时间的增加，砂岩层中的孔隙压力逐渐降低，围岩应力保持不变，其有效应力增加，孔隙半径减小，滑脱系数增大，滑脱效应增强；而不考虑动态滑脱效应时，其滑脱系数为固定初始滑脱系数，小于考虑动态滑脱效应时的滑脱系数，因此导致考虑动态滑脱效应后砂岩层中的气体流动能力大于不考虑动态滑脱效应的气体流动能力，其压力扩展范围也大于不考虑动态滑脱效应时的压降范围。

4.3.2 动态滑脱流对储层压力分布的影响随初始渗透率的变化规律

为了比较不同初始渗透率下动态滑脱效应对储层压力分布的影响，定义动态滑脱效应引起的压降范围差异率 $\eta_s(p)$，

$$\eta_s(p) = \frac{r_s(p) - r_b(p)}{r_b(p)} \times 100\% \quad (4-1)$$

式中：$r_s(p)$、$r_b(p)$ 为考虑与不考虑动态滑脱效应时压降大于 p 的范围，m；$\eta_s(p)$ 为正表示增大，为负表示减小，如 $\eta_s(p=3\text{MPa}) = 1\%$ 表示考虑动态滑脱效应比不考虑时压

降大于3MPa的范围增加了1%。

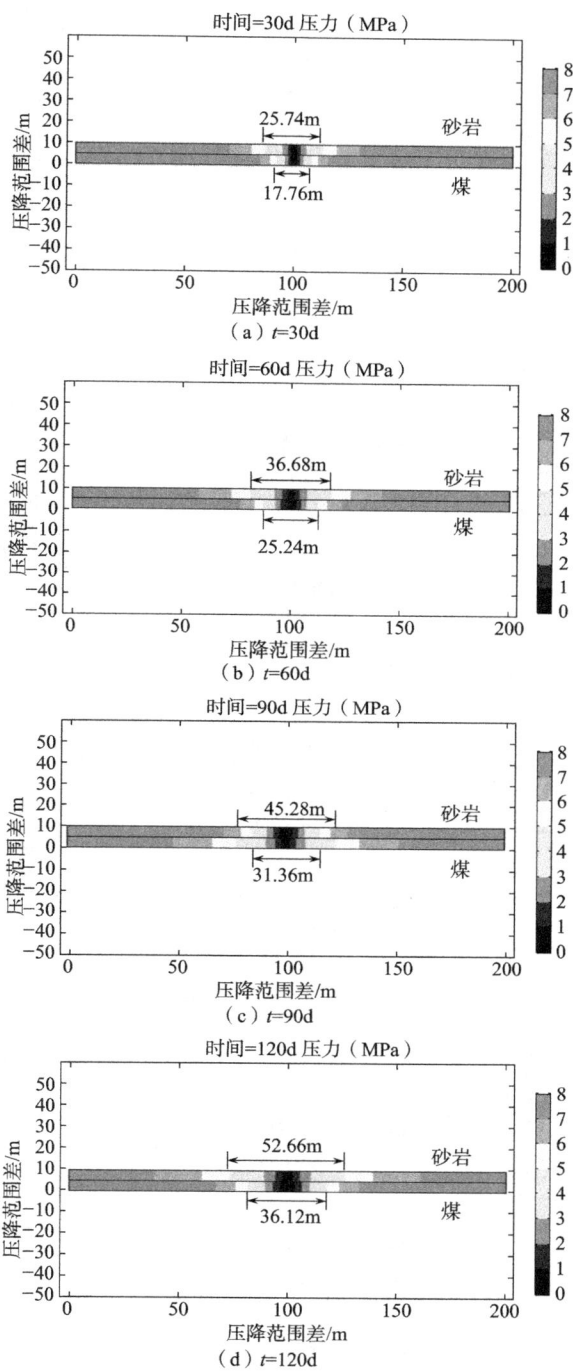

图4-7 不考虑动态滑脱效应时煤-砂岩复合储层压力分布等值线图
($k_{s0} = 0.5 \times 10^{-2}$ mD,$k_{m0} = 0.25 \times 10^{-2}$ mD)

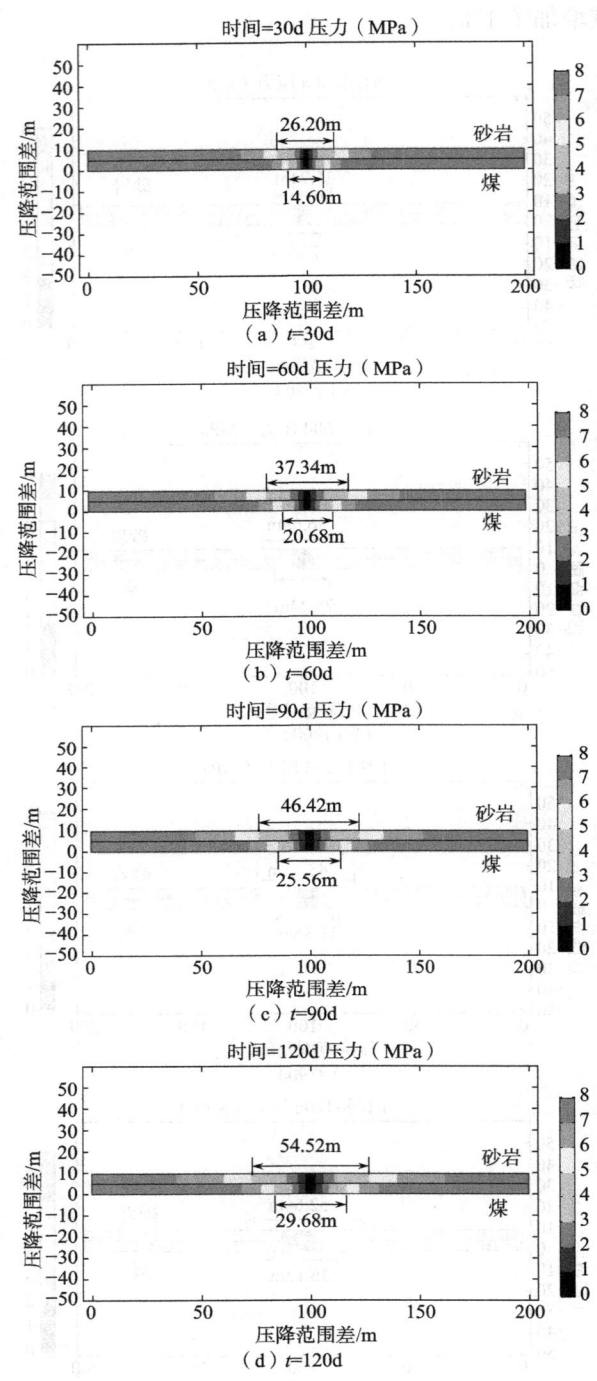

图 4-8　考虑动态滑脱效应时煤-砂岩复合储层压力分布等值线图
（$k_{s0}=0.5\times10^{-2}\text{mD}$，$k_{m0}=0.25\times10^{-2}\text{mD}$）

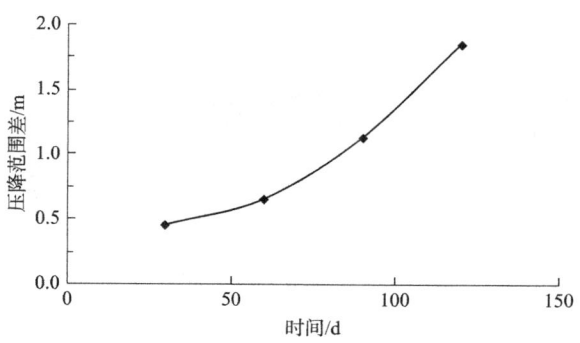

图 4-9 砂岩层考虑与不考虑动态滑脱效应的压降范围差
随抽采时间变化的曲线（压降大于 3MPa 范围）

(1) 煤-页岩复合储层

图 4-10~图 4-13 为不考虑与考虑动态滑脱效应时煤-页岩复合储层抽采 90d 后压力等值线图。图 4-14 为煤层、页岩层动态滑脱效应引起的压降范围差异率随渗透率变化曲线（压降大于 3MPa 范围）。从图 4-10~图 4-13 中可以看出不同渗透率下，煤、页岩层考虑动态滑脱效应时压降范围均小于不考虑动态滑脱效应，动态滑脱效应引起的压降范围差异率为负值；初始渗透率越小，动态滑脱效应对压降范围的影响越明显，动态滑脱效应引起的压降范围差异率（η_s）越大。以压降大于 3MPa 范围为例，当煤层初始渗透率为 5×10^{-2}mD、1×10^{-2}mD、0.5×10^{-2}mD 和 0.1×10^{-2}mD 时动态滑脱效应引起的压降范围差异率（η_s）分别为 -0.11%、-12.25%、-15.42% 和 -22.47%；当页岩层初始渗透率为 2.5×10^{-2}mD、0.5×10^{-2}mD、0.25×10^{-2}mD 和 0.05×10^{-2}mD 时动态滑脱效应引起的压降范围差异率（η_s）分别为 -2.64%、-15.42%、-17.97% 和 -24.40%。其机理为抽采 90d 后，基质收缩引起的滑脱系数变化大于有效应力引起的滑脱系数变化，滑脱系数减小，考虑动态滑脱效应后气体流动能力减弱，因此动态滑脱效应引起的压降范围差异率为负值；渗透率越小，储层越致密，储层中的孔隙半径相对较小，滑脱系数越大，滑脱效应对气体流动的影响也越大，因此出现动态滑脱效应引起的压降范围差异率随初始渗透率减小而增大的现象。综上，在研究气体渗流时尤其是低渗透储层渗流时，滑脱效应的动态变化不可忽略。

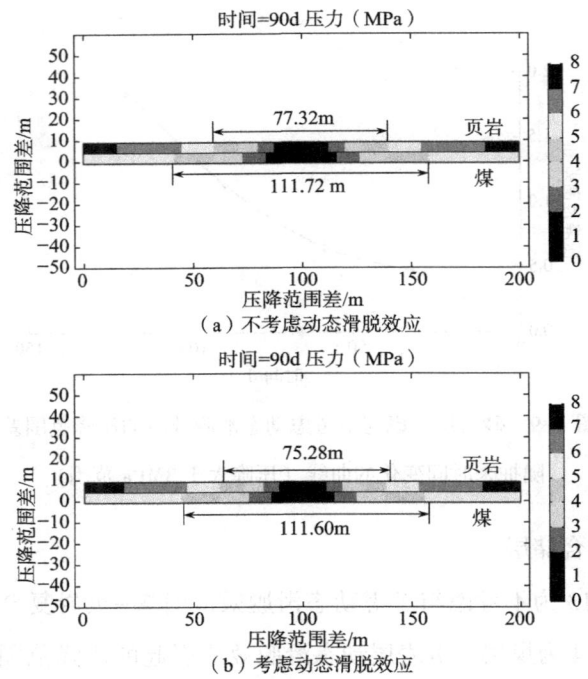

图 4-10　煤-页岩复合储层抽采 90d 后压力分布（$k_{m0}=5\times10^{-2}$mD，$k_{y0}=2.5\times10^{-2}$mD）

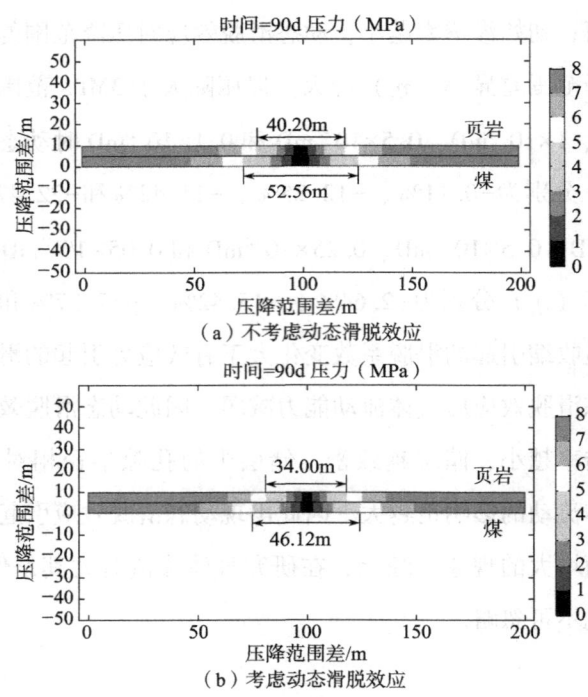

图 4-11　煤-页岩复合储层抽采 90d 后压力分布（$k_{m0}=1\times10^{-2}$mD，$k_{y0}=0.5\times10^{-2}$mD）

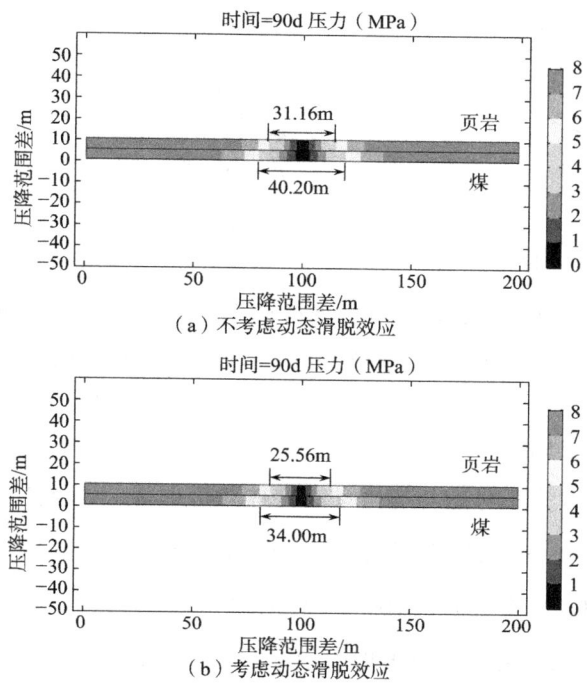

图 4-12　煤-页岩复合储层抽采 90d 后压力分布（$k_{m0}=0.5\times10^{-2}$ mD，$k_{y0}=0.25\times10^{-2}$ mD）

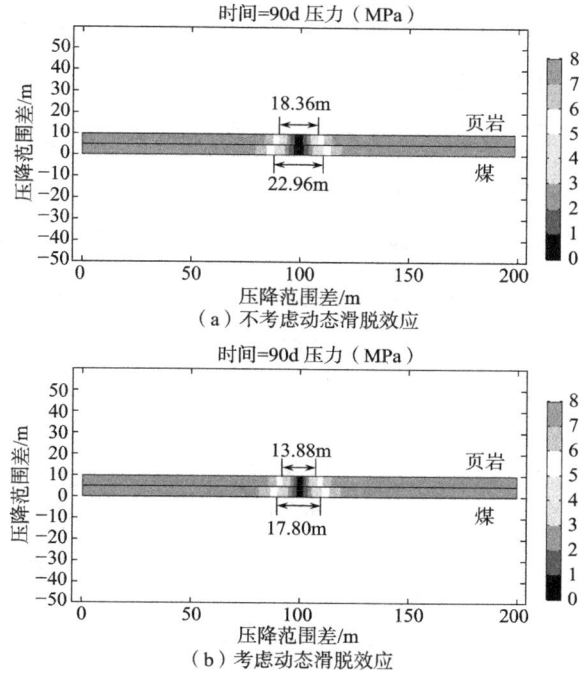

图 4-13　煤-页岩复合储层抽采 90d 后压力分布（$k_{m0}=0.1\times10^{-2}$ mD，$k_{y0}=0.05\times10^{-2}$ mD）

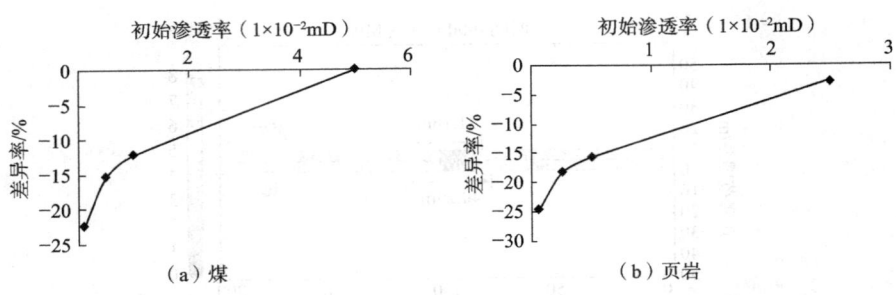

图 4-14 煤、页岩层动态滑脱效应引起的压降范围差异率随初始渗透率变化的曲线（压降大于3MPa范围）

(2) 煤-砂岩复合储层

图 4-15~图 4-18 为不考虑与考虑动态滑脱效应时煤-砂岩复合储层抽采 90d 后压力分布等值线图。图 4-19 为砂岩层动态滑脱效应引起的压降范围差异率随渗透率的变化曲线（压降大于3MPa范围）。从图 4-15~图 4-19 中可以看出，不同初始渗透率下，砂岩层考虑动态滑脱效应的压降范围均大于不考虑动态滑脱效应的压降范围，动态滑脱效应引起的压降范围差异率为正值；初始渗透率越小，动态滑脱效应对压降范围的影响越明显，动态滑脱效应引起的压降范围差异率越大。以压降大于3MPa范围为例，当砂岩层初始渗透率为 1×10^{-2} mD、0.5×10^{-2} mD、0.25×10^{-2} mD 和 0.125×10^{-2} mD 时动态滑脱效应引起的压降范围差异率分别为 2.03%、2.52%、2.92% 和 3.35%。其机理为砂岩层仅受有效应力影响，抽采 90d 后，砂岩层压力下降，有效应力增大，滑脱系数增大，考虑动态滑脱效应后气体流动能力增强，因此动态滑脱效应引起的压降范围差异率为正值；砂岩的初始渗透率越小，孔隙半径越小，滑脱系数越大，滑脱效应对渗透率的影响也越大，因此出现初始渗透率越小、动态滑脱效应引起的压降范围差异率越大的情况。

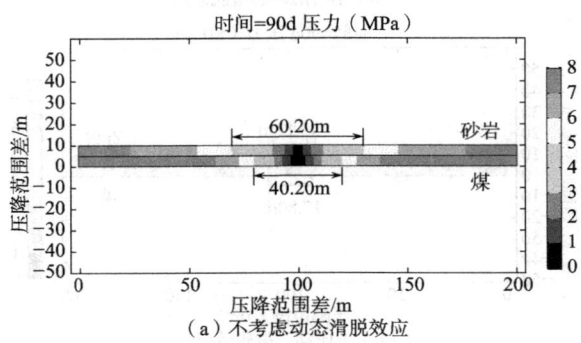

图 4-15 煤-砂岩复合储层抽采 90d 后压力分布（$k_{s0}=1\times10^{-2}$ mD，$k_{m0}=0.5\times10^{-2}$ mD）

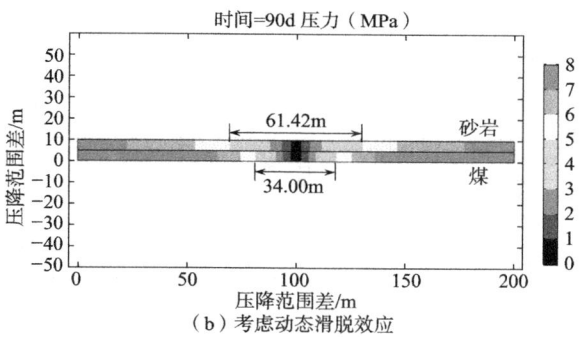

图 4-15 煤-砂岩复合储层抽采 90d 后压力分布（$k_{s0}=1\times10^{-2}$mD，$k_{m0}=0.5\times10^{-2}$mD）（续）

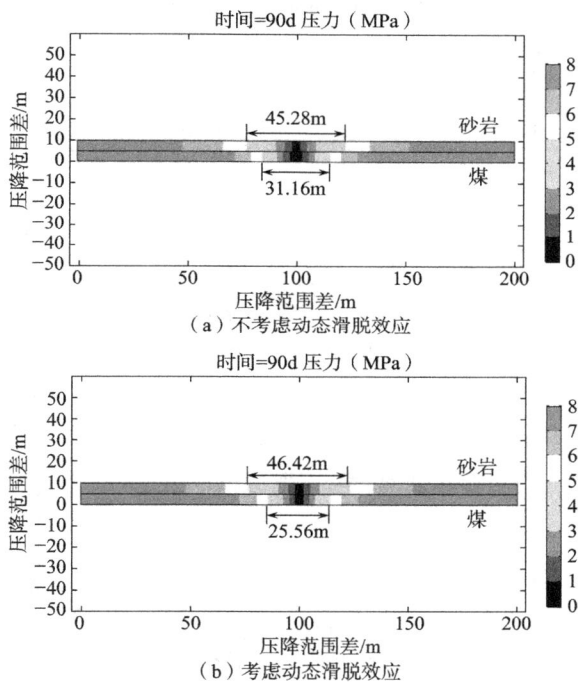

图 4-16 煤-砂岩复合储层抽采 90d 后压力分布（$k_{s0}=0.5\times10^{-2}$mD，$k_{m0}=0.25\times10^{-2}$mD）

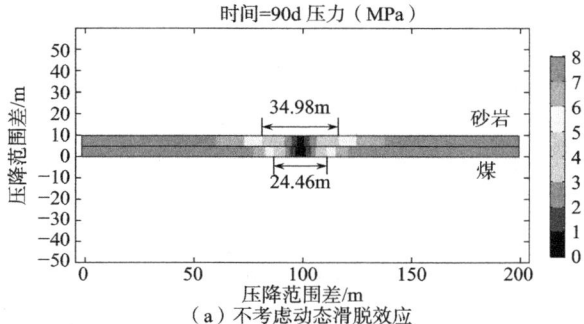

图 4-17 煤-砂岩复合储层抽采 90d 后压力分布（$k_{s0}=0.25\times10^{-2}$mD，$k_{m0}=0.125\times10^{-2}$mD）

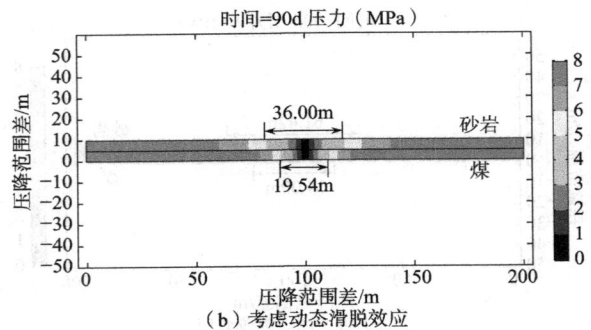

图 4-17 煤-砂岩复合储层抽采 90d 后压力分布（$k_{s0}=0.25\times10^{-2}$mD，$k_{m0}=0.125\times10^{-2}$mD）（续）

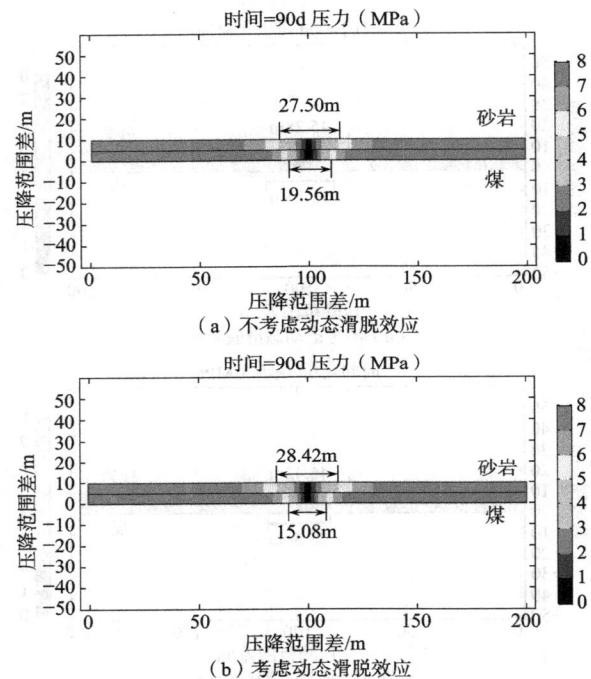

图 4-18 煤-砂岩复合储层抽采 90d 后压力分布（$k_{s0}=0.125\times10^{-2}$mD，$k_{m0}=0.0625\times10^{-2}$mD）

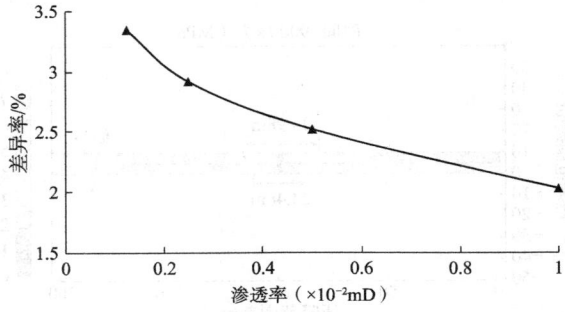

图 4-19 砂岩层动态滑脱效应引起的压降范围的差异率随初始渗透率变化的曲线

（压降大于 3MPa 范围）

4.4 层间窜流对复合储层煤系气合采储层压力的影响及变化规律

本节通过对比考虑与不考虑层间窜流时各层压降范围差异，研究层间窜流对煤-页岩、煤-砂岩复合储层压力变化的影响及随抽采时间、层间渗透率比的变化规律。

4.4.1 层间窜流对压力分布的影响随抽采时间的变化规律

（1）煤-页岩复合储层

图 4-20 为考虑层间窜流时煤-页岩复合储层抽采 30d、60d、90d 和 120d 后的压力分布等值线图。图 4-21 为煤、页岩层考虑与不考虑层间窜流的压降范围差随抽采时间变化的曲线（压降大于 3MPa 范围）。由图 4-20 与图 4-4 对比及图 4-21 可以看出，煤层考虑层间窜流的压降范围小于不考虑层间窜流的压降范围，其压降范围差为负值，页岩层考虑层间窜流的压降范围大于不考虑层间窜流的压降范围，其压降范围差为正值；煤层、页岩层考虑与不考虑层间窜流的压降范围差随抽采时间的增加而增大，且时间越长，压力范围差的增长速率越大。以压降大于 3MPa 范围为例，煤层抽采 30d、60d、90d 和 120d 后考虑与不考虑层间窜流的压降范围差分别为 -6.12m、-10.74m、-17.46m 和 -31.36m；页岩层考虑与不考虑层间窜流的压降范围差分别为 8.30m、12.04m、16.76m 和 23.92m。其机理为煤层渗透率大于页岩层渗透率，考虑层间窜流后页岩层中的气体向煤层中窜流，使得页岩层压降范围增大而煤层压降范围减小，因此煤层考虑与不考虑层间窜流的压降范围差为负值，而页岩层考虑与不考虑层间窜流的压降范围差为正值；抽采时间越长，由页岩层向煤层窜流流量越多，层间窜流对各层压降的影响也就越明显，因此出现煤、页岩层考虑与不考虑层间窜流的压降范围差随抽采时间的增加而增大的现象。

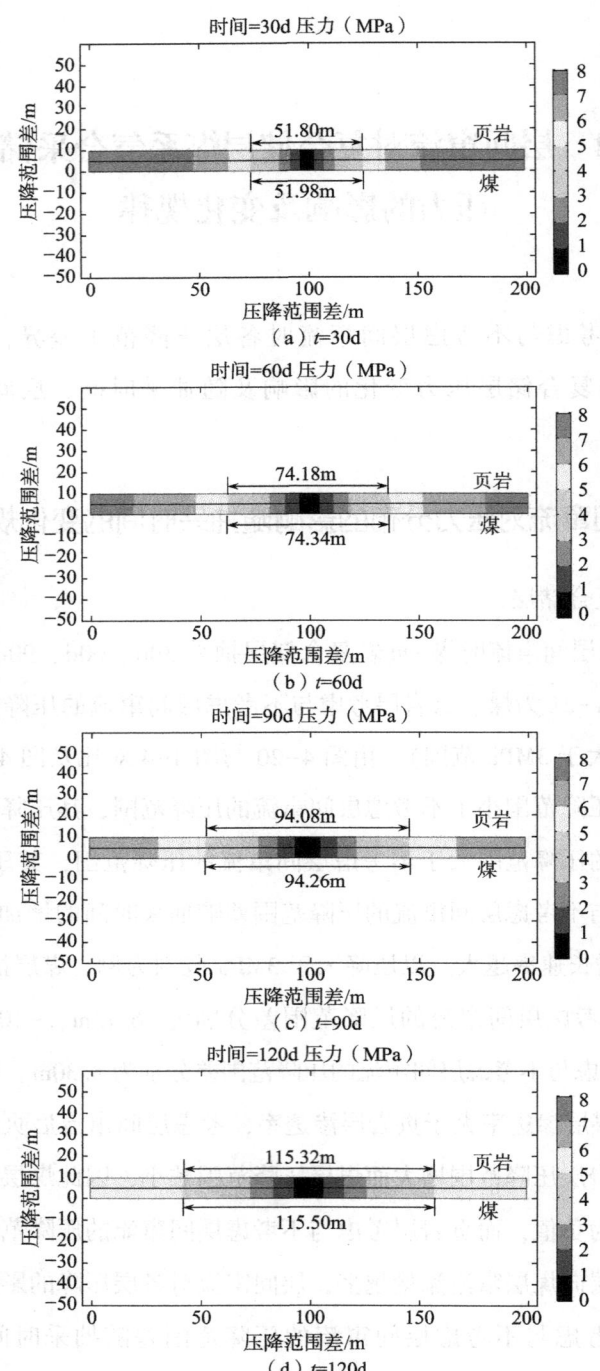

图4-20 考虑层间窜流后煤-页岩复合储层压力分布等值线图

($k_{m0} = 5 \times 10^{-2}$ mD,$k_{y0} = 2.5 \times 10^{-2}$ mD)

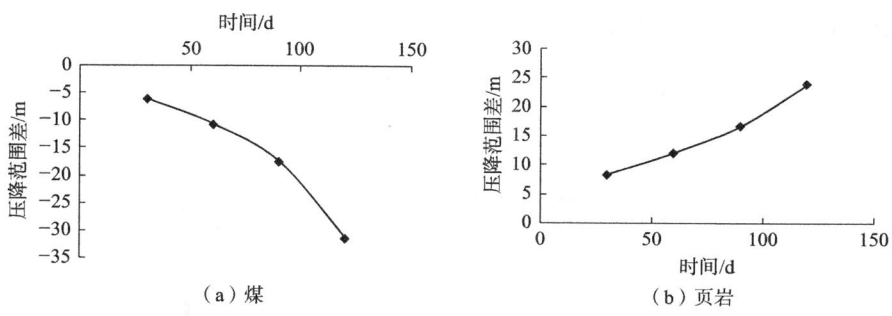

图 4-21　煤层和页岩层考虑与不考虑层间窜流的压降范围差
随抽采时间变化的曲线（压降大于 3MPa 范围）

（2）煤-砂岩复合储层

图 4-22 为考虑层间窜流时煤-砂岩复合储层抽采 30d、60d、90d 和 120d 后的压力分布等值线图。图 4-23 为砂岩层考虑与不考虑层间窜流的压降范围差随抽采时间变化曲线（压降大于 3MPa 范围）。由图 4-22 与图 4-7 对比及图 4-23 可以看出，砂岩层考虑层间窜流的压降范围小于不考虑层间窜流的压降范围，考虑与不考虑层间窜流的压降范围差为负值；煤层考虑层间窜流的压降范围大于不考虑层间窜流的压降范围，考虑与不考虑层间窜流的压降范围差为正值；砂岩层、煤层考虑与不考虑层间窜流的压降范围差随抽采时间的增加而增大，且时间越长，压力范围差的增长速率越大。以压降大于 3MPa 范围为例，砂岩层抽采 30d、60d、90d 和 120d 后考虑与不考虑层间窜流的压降范围差分别为-5.82m、-8.46m、-10.54m 和-12.34m；煤层考虑与不考虑层间窜流的压降范围差分别为 1.80m、2.68m、3.34m 和 3.98m。其机理为砂岩层渗透率大于煤层渗透率，考虑层间窜流后煤层中的气体向砂层中窜流，使得煤层压降范围增大而砂层压降范围减小；抽采时间越长，由煤层向砂岩层窜流流量越多，层间窜流对各层压降的影响越大，因此出现考虑与不考虑层间窜流的压降范围差随抽采时间的增加而增大的情况。

4.4.2　层间窜流对压力分布的影响随层间渗透率比的变化规律

为了比较不同渗透率比时层间窜流对储层压力分布的影响，定义层间窜流引起的压降范围差异率 $\eta_c(p)$：

$$\eta_c(p) = \frac{r_c(p) - r_b(p)}{r_b(p)} \times 100\% \qquad (4-2)$$

式中：$r_c(p)$、$r_b(p)$ 为考虑与不考虑层间窜流时压降大于 p 时的范围，m；$\eta_c(p)$ 为正表示范围增大，为负表示范围减小，如 $\eta_c(p=3\mathrm{MPa})=1\%$ 表示考虑层间窜流比不考虑时压降大于 3MPa 范围增加了 1%。

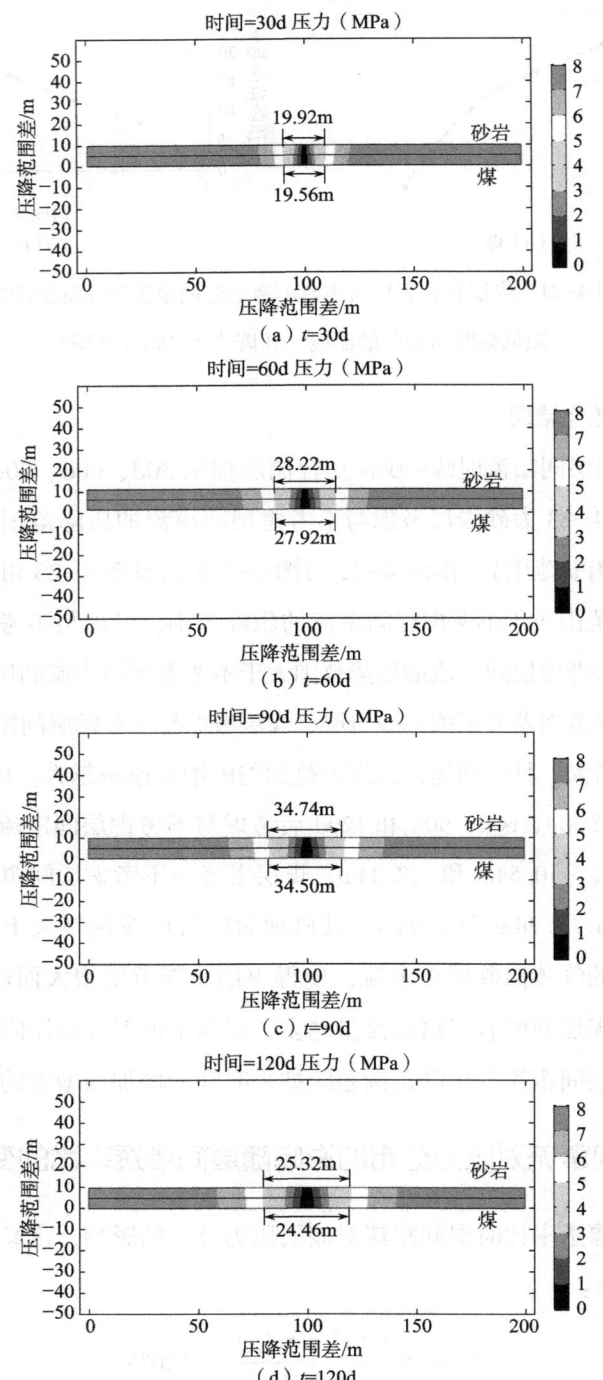

图 4-22 考虑层间窜流后煤-砂岩复合储层压力分布等值线图

($k_{s0} = 0.5 \times 10^{-2}$ mD,$k_{m0} = 0.25 \times 10^{-2}$ mD)

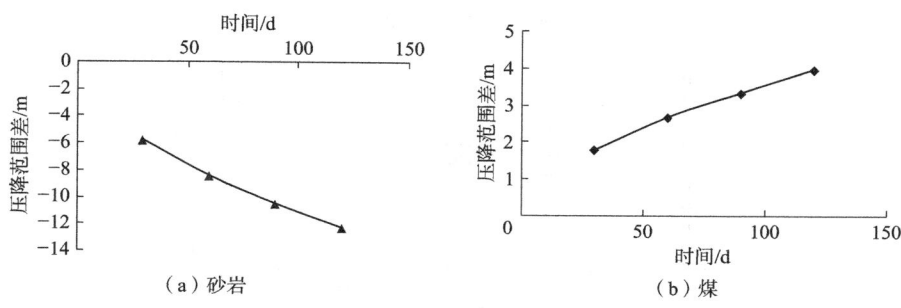

图 4-23 煤层和砂岩层考虑与不考虑层间窜流的压降范围差
随抽采时间变化的曲线（压降大于 3MPa 范围）

(1) 煤-页岩复合储层

图 4-24 为考虑层间窜流后煤-页岩复合储层抽采 90d 的压力分布等值线图。图 4-25 为煤层、页岩层层间窜流引起的压降范围差异率随层间渗透率比变化的曲线（压降大于 3MPa 范围）。对比图 4-4、图 4-24 和图 4-25 可以看出，不同层间渗透率比下，煤层考虑层间窜流的压降范围小于不考虑层间窜流，层间窜流引起的压降范围差异率为负值，页岩层考虑层间窜流的压降范围大于不考虑层间窜流，层间窜流引起的压降范围差异率为正值；层间窜流引起的压降范围差异率随层间渗透率比的增加而增大，但增大幅度趋于平缓。以压降大于 3MPa 范围为例，当层间渗透率比（$k_{m0}:k_{y0}$）为 2、5、10 和 20 时，煤层层间窜流引起的压降范围差异率分别为 -15.36%、-25.21%、28.61% 和 30.38%，页岩层层间窜流引起的压降范围差异率分别为 21.68%、58.41%、97.56% 和 147.56%。其机理为煤层渗透率大于页岩层，在抽采一定时间后，煤层压力小于页岩层压力，在层间压差的作用下，气体由页岩层向煤层窜流，使得煤层压降范围减小，页岩层压降范围增大，因此煤层中层间窜流引起的压降范围差异率为负值，页岩层中层间窜流引起的压降范围差异率为正值；层间渗透率比增加，煤层和页岩层渗透率差异增大，抽采一定时间后煤层与页岩层层间压差也越大，窜流能力越强，层间窜流对各层压降的影响越大，因此层间窜流引起的压降范围差异率随层间渗透率比的增加而增大；在模拟中层间渗透率比的增加是由页岩层渗透率减小引起的，煤层渗透率保持不变，渗透率比越大，页岩层渗透率越小，其压降范围越小，考虑层间窜流时，发生层间窜流的范围越小，由页岩层向煤层窜流量减小，因此出现随层间渗透率比增大，煤层、页岩层中层间窜流引起的压降范围差异率增加幅度减小的现象。

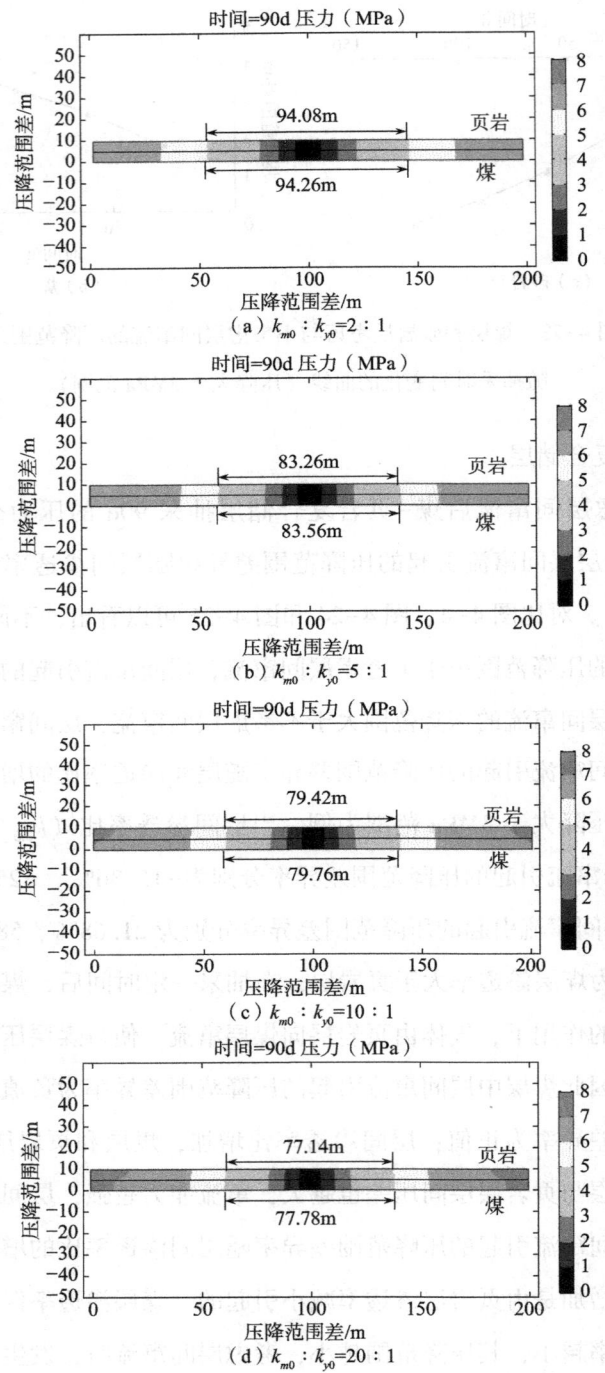

图4-24 考虑层间窜流时煤-页岩复合储层抽采90d后压力分布等值线图（$k_{m0}=5\times10^{-2}$mD）

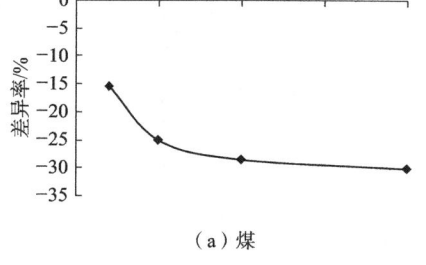
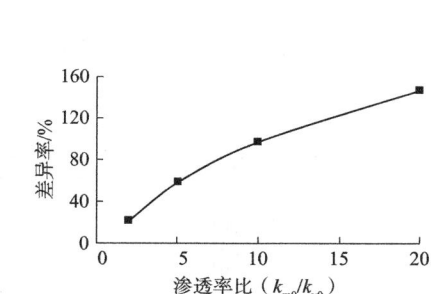

（a）煤　　　　　　　　　　　　　　（b）页岩

图 4-25　煤层、页岩层层间窜流引起的压降范围差异率随层间
渗透率变化的曲线（压降大于 3MPa 范围）

（2）煤-砂岩复合储层

图 4-26 为考虑层间窜流后煤-砂岩复合储层抽采 90d 后压力分布等值线图。图 4-27 为砂岩层、煤层层间窜流引起的压降范围差异率随层间渗透率比变化的曲线（压降大于 3MPa 范围）。对比图 4-7、4-26 及图 4-27 可以看出，不同层间渗透率比下，砂岩层考虑层间窜流的压降范围均小于不考虑层间窜流，其层间窜流引起的压降范围差异率为负值，煤层考虑层间窜流的压降范围均大于不考虑层间窜流，其层间窜流引起的压降范围差异率为正值；随层间渗透率比的增加，层间窜流对砂岩层、煤层压降范围的影响程度增大，砂岩层、煤层中层间窜流引起的压降范围差异率随层间渗透率比的增加而增大，但增大幅度趋于平缓。以压降大于 3MPa 范围为例，当砂岩层与煤层的层间渗透率比（$k_{s0}:k_{m0}$）为 2、5、10 和 20 时，砂岩层中层间窜流引起的压降范围差异率分别为 -23.28%、-35.51%、-40.99% 和 -44.08%，煤层中层间窜流引起的压降范围差异率分别为 10.72%、24.91%、40.09% 和 64.82%。其机理与煤-页岩复合储层类似，砂岩层渗透率大于煤层，气体由煤层向砂岩层窜流，因此砂岩层中层间窜流引起的压降范围差异率为负值，而煤层为正值；层间渗透率比越大，气体由煤层向砂岩层窜流能力越强，层间窜流对各层压降的影响越大，因此层间窜流引起的压降范围差异率随层间渗透率比的增加而增大；在模拟中，层间渗透率比的增加是由煤层渗透率减小引起的，砂岩层渗透率不变，煤层渗透率减小导致煤层与砂岩层产生的窜流范围减小，窜流能力减弱，因此出现层间窜流引起的压降范围差异率增加幅度随层间渗透率比的增加而减小的现象。

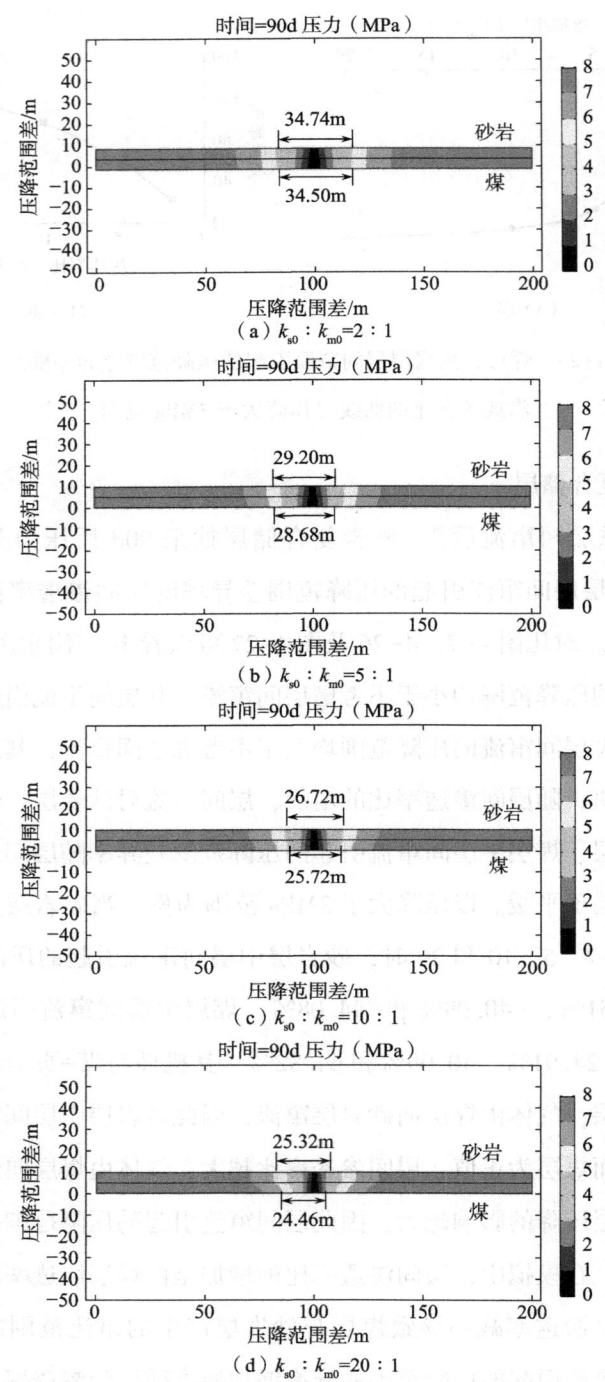

图 4-26 考虑层间窜流后煤-砂岩复合储层抽采 90d 后压力等值线图

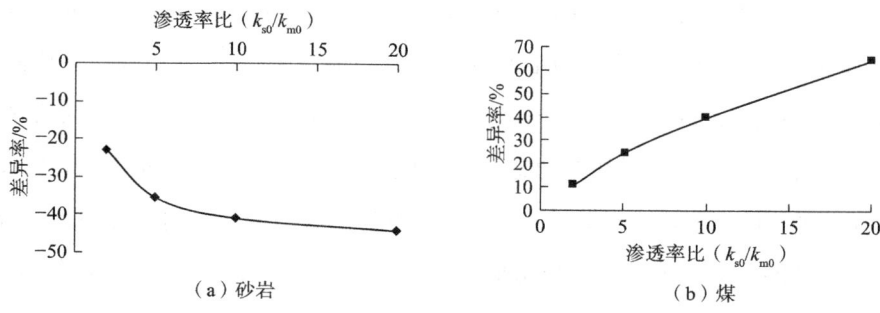

图 4-27 砂岩层、煤中层间窜流引起的压降范围差异率随层间
渗透率比变化的曲线（压降大于 3MPa 范围）

4.5 耦合作用对复合储层煤系气合采储层压力的影响及变化规律

本节通过对比层间窜流与层内动态滑脱流耦合作用（以下简称耦合作用）、层间窜流与层内动态滑脱流线性叠加（以下简称线性叠加）及无层间窜流与层内动态滑脱流时各层的压降范围差异，研究耦合作用对煤-页岩、煤-砂岩复合储层压力变化的影响及随抽采时间、层间渗透率比的变化规律。

4.5.1 耦合作用对压力分布的影响随抽采时间的变化规律

（1）煤-页岩复合储层

图 4-28 为考虑耦合作用后煤-页岩复合储层压力分布等值线图。图 4-29 为煤-页岩复合储层考虑耦合作用、线性叠加引起的压降范围差随抽采时间变化的曲线（压降大于 3MPa 范围）。图 4-30 为煤-页岩复合储层考虑耦合作用与线性叠加的压降范围差随抽采时间变化的曲线（压降大于 3MPa 范围）。比较图 4-4、图 4-28 和图 4-29 可以看出，不同抽采时间下，煤层考虑耦合作用后的压降范围均小于无层间窜流与层内动态滑脱流的压降范围，其压降范围差为负值，页岩层考虑耦合作用后的压降范围均大于无层间窜流与层内动态滑脱流的压降范围，其压降范围差为正值；煤层、页岩层考虑耦合作用与无层间窜流和层内动态滑脱流的压降范围差随抽采时间的增加而增大，且增加幅度也随抽采时间的增加而增大。以压降大于 3MPa 范围为例，抽采 30d、60d、90d 和 120d

后，煤层考虑耦合作用与无层间窜流和动态滑脱流，压降范围差为-8.34m、-14.14m、-21.34m 和 30.96m，页岩层考虑耦合作用与无层间窜流和动态滑脱效应，压降范围差为 5.98m、8.68m、12.90m 和 23.90m。其机理为考虑耦合作用时既存在动态滑脱效应也存在层间窜流，虽然在抽采初期动态滑脱效应使得煤层、页岩层压降范围增大，但层间窜流对压降的影响大于动态滑脱效应影响，因此煤层考虑耦合作用与无层间窜流和动态滑脱流的压降范围差为负值，页岩层考虑耦合作用与无层间窜流和动态滑脱流的压降范围差为正值；抽采时间越长，耦合作用对压降的影响越大，因此出现煤层、页岩层考虑耦合作用与无层间窜流和动态滑脱效应的压降范围差随抽采时间的增大而增大的现象。

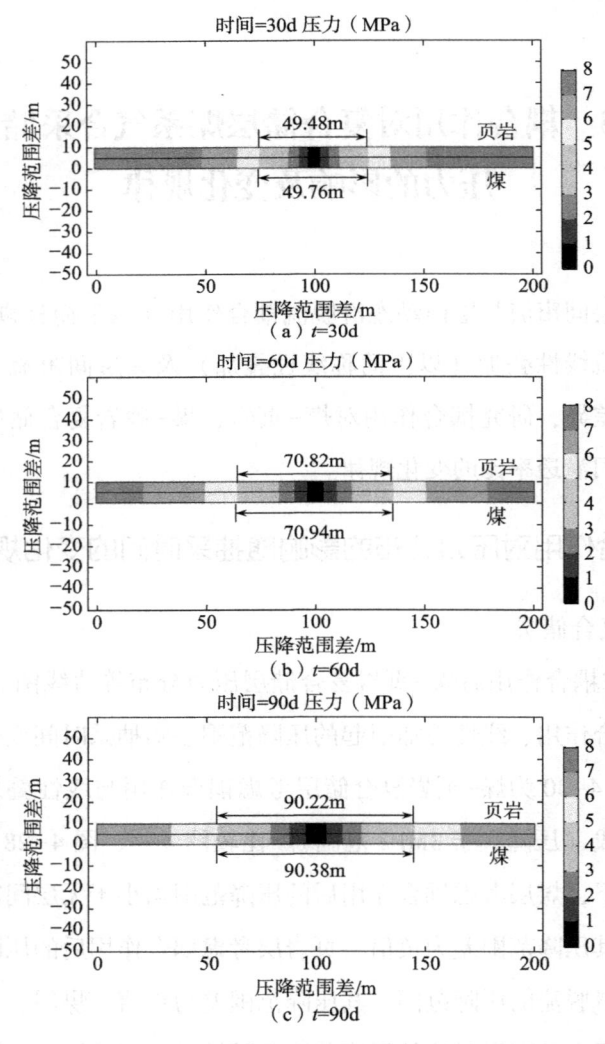

图 4-28 考虑耦合作用后煤-页岩复合储层压力分布等值线图

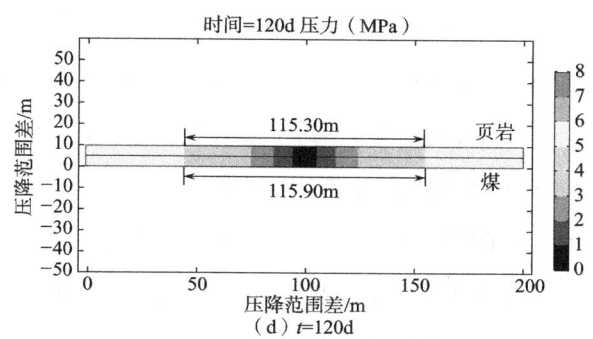

图4-28 考虑耦合作用后煤-页岩复合储层压力分布等值线图（续）

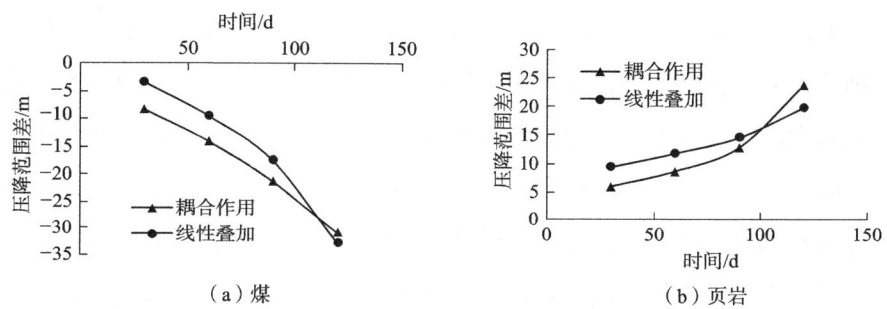

图4-29 耦合作用、线性叠加和无层间窜流与层内动态滑脱流的压降范围差随抽采时间变化的曲线

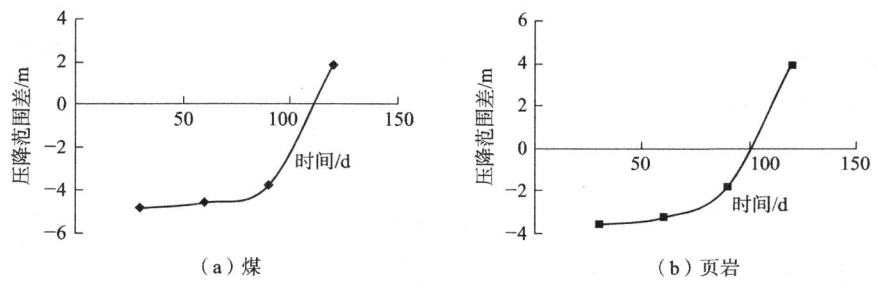

图4-30 煤-页岩复合储层考虑耦合作用与线性叠加的压降范围差随抽采时间变化的曲线（压降大于3MPa范围）

从图4-30中可以看出，煤层、页岩层考虑耦合作用与线性叠加的压降范围差随抽采时间的增加均先减小后增大。在抽采初期，耦合作用的压降范围增加速率小于线性叠加，其压降范围也小于线性叠加，其差值为负值；随抽采时间的增加，耦合作用的压降范围增加速率的增大幅度大于线性叠加的压降范围增加速率的增大幅度，耦合作用与线性叠加的压降范围差也逐渐减小，并趋于0；之后，随抽采时间的增加，耦合作用的压

降增加速率大于线性叠加，其压降范围也大于线性叠加，并且越来越大。以压降大于 3MPa 范围为例，煤层抽采 30d、60d、90d 和 120d 后考虑耦合作用和线性叠加的压降范围差分别为 -4.82m、-4.56m、-3.76m 和 1.86m，页岩层抽采 30d、60d、90d 和 120d 后考虑耦合作用和线性叠加的压降范围差分别为 -3.56m、-3.24m、-1.82m 和 3.94m。其机理为考虑耦合作用时，层间窜流与层内动态滑脱流耦合影响，在抽采初期，煤层页、岩层滑脱系数均增大，由 4.3.2 节分析结果可知，初始渗透率越小，动态滑脱效应影响越大，其压力变化越快，页岩层初始渗透率小于煤层初始渗透率，动态滑脱流使得页岩层压力增加幅度大于煤层压力增加幅度，其层间压差减小，进而对层间窜流产生影响，使得层间窜流能力减弱，因此在抽采初期考虑耦合作用后其压降范围小于线性叠加的压降范围；随着抽采时间的增加，压力进一步降低，基质收缩对滑脱系数的影响大于有效应力，滑脱系数减小，动态滑脱效应使得压力下降速度减缓，页岩层渗透率小，其压力减小快，导致煤层与页岩层层间压差增大，层间窜流能力增强，由页岩层向煤层窜流流量增加，导致在抽采后期考虑耦合作用后其压降范围大于线性叠加的压降范围。抽采时间越长，由动态滑脱效应引起的层间压差变化越大，考虑耦合作用与线性叠加压降范围差异越大，耦合作用对压力扩展范围影响越大。

由考虑耦合作用与线性叠加的压降范围差随抽采时间变化的曲线可以看出，耦合作用对煤层、页岩层压降的影响先减小后增大。因此，在煤-页岩复合储层长期开发时，层间窜流与层内动态滑脱流的耦合作用不可忽略，若忽视其耦合作用，必然导致压力、产能预测不准确，抽采时间越长，误差越大。

（2）煤-砂岩复合储层

图 4-31 为考虑耦合作用后煤-砂岩复合储层压力分布等值线图。图 4-32 为煤-砂岩复合储层考虑耦合作用、线性叠加与无层间窜流和动态滑脱效应的压降范围差随抽采时间变化的曲线（压降大于 3MPa 范围）。图 4-33 为煤-砂岩复合储层考虑耦合作用与线性叠加的压降范围差随抽采时间变化的曲线（压降大于 3MPa 范围）。比较图 4-7、图 4-31 和图 4-32 可以看出，不同抽采时间下，砂岩层考虑耦合作用后的压降范围小于无层间窜流与层内动态滑脱流的压降范围，其压降范围差为负值，煤层考虑耦合作用后的压降范围大于无层间窜流与层内动态滑脱流的压降范围，其压降范围差为正值；砂岩层、煤岩层考虑耦合作用与无层间窜流和层内动态滑脱流压降范围差随抽采时间的增加而增大，且增加幅度也随抽采时间的增加而增大。以压降大于 3MPa 范围为例，抽采 30d、

60d、90d 和 120d 后，砂岩层考虑耦合作用与无层间窜流和动态滑脱效应的压降范围差为 -6.66m、-9.86m、-12.32m 和 14.46m，煤层为 0.68m、1.20m、1.54m 和 1.82m。从图 4-33 中可以看出，砂岩层、煤层考虑耦合作用与线性叠加的压降范围差随抽采时间的增加而增大。其机理为对砂岩层来说，动态滑脱效应的存在使得滑脱系数增大，流动能力增加，压力下降加快，层间压差增大，煤层向砂岩层窜流流量增大，时间越长，窜流流量增加越多，因此砂岩层考虑耦合作用后压降范围小于线性叠加的压降范围，且随抽采时间的增加，其差异越来越大。同理，对于煤层，其窜流流量增加，窜流使得煤层压降范围增大，因此考虑耦合作用后其压降范围由负值变为正值，抽采时间越长，窜流气体越多，其影响也越大，导致考虑耦合作用与线性叠加压降范围差异也越大。

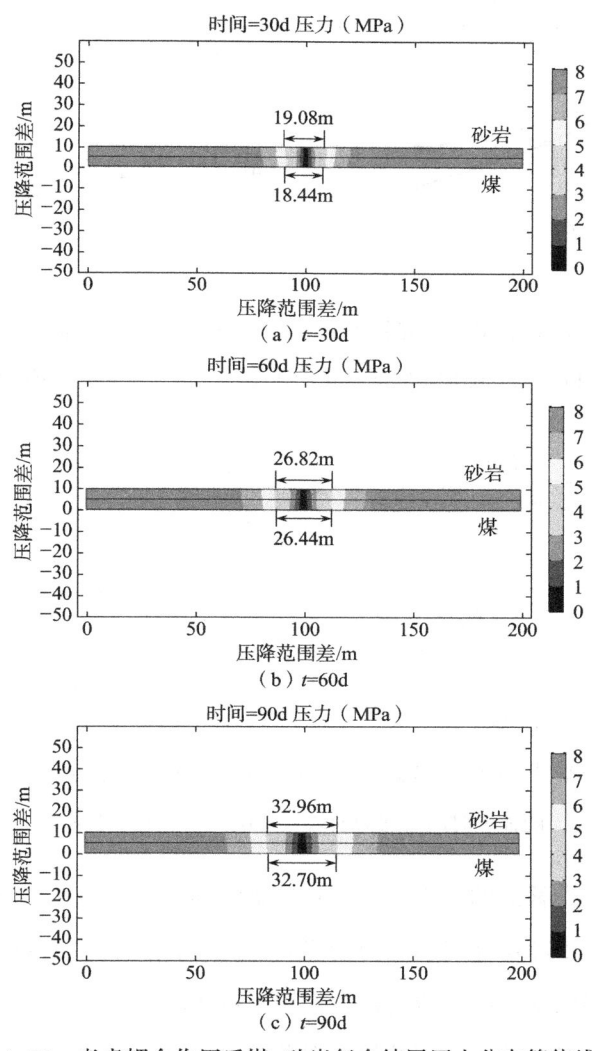

图 4-31　考虑耦合作用后煤-砂岩复合储层压力分布等值线图

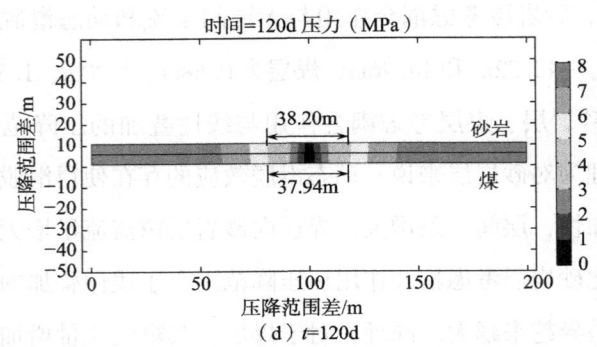

图4-31 考虑耦合作用后煤-砂岩复合储层压力分布等值线图(续)

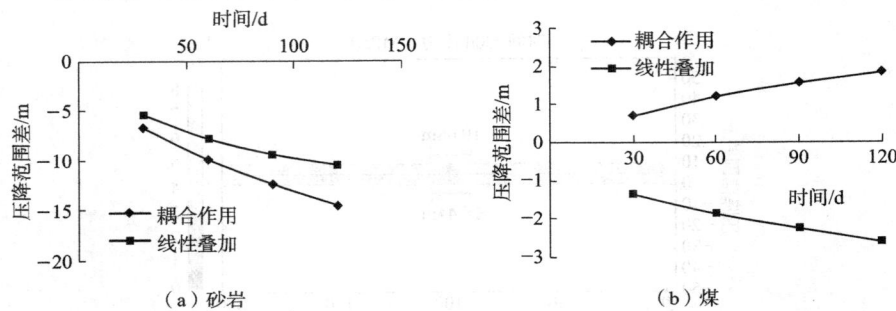

图4-32 煤-砂岩复合储层考虑耦合作用、线性叠加和无层间窜流与动态滑脱效应的压降范围差随抽采时间变化的曲线(压降大于3MPa范围)

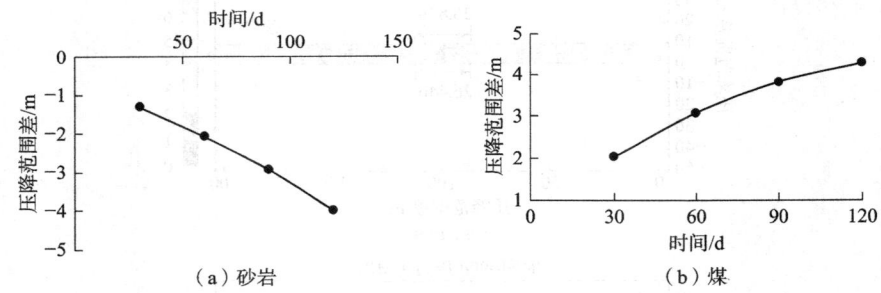

图4-33 煤-砂岩复合储层考虑耦合作用与线性叠加的压降范围差随抽采时间变化的曲线(压降大于3MPa范围)

由耦合作用与线性叠加的压降范围差随抽采时间变化的规律可以看出,抽采时间越长,耦合作用对煤-砂岩复合储层压力的影响越大。因此,在煤-砂岩复合储层长期开发时,层间窜流与层内动态滑脱流的耦合作用不可忽略,若忽视其耦合作用,必然导致压力、产能预测不准确,抽采时间越长,误差越大。

4.5.2 耦合作用对压力分布的影响随层间渗透率比变化的规律

为了比较不同渗透率比时耦合作用对储层压力分布的影响，将耦合作用后各层压降范围与无层间窜流与层内动态滑脱流的压降范围进行比较，定义耦合作用引起的压降范围差异率 $\eta_o(p)$ 和线性叠加引起的压降范围差异率 $\eta_x(p)$：

$$\eta_o(p) = \frac{r_o(p) - r_b(p)}{r_b(p)} \times 100\% \qquad (4-3)$$

$$\eta_x(p) = \eta_s(p) + \eta_c(p) \qquad (4-4)$$

式中：$r_o(p)$、$r_b(p)$ 为考虑耦合作用和无层间窜流与层内动态滑脱流时压降大于 p 时的范围，m；$\eta_o(p)$ 为正表示增大，为负表示减小，如 $\eta_o(p=3\text{MPa})=1\%$ 表示考虑耦合作用比无层间窜流与层内动态滑脱流时压降大于 3MPa 范围增加了 1%；$\eta_s(p)$、$\eta_c(p)$ 为动态滑脱效应引起的压降范围差异率，计算公式为式（4-1）；$\eta_c(p)$ 层间窜流引起的压降范围差异率计算公式为式（4-2）。

(1) 煤-页岩复合储层

图 4-34 为考虑耦合作用后煤-页岩复合储层抽采 90d 的压力分布等值线图。图 4-35 为煤-页岩复合储层考虑耦合作用、线性叠加与无层间窜流和动态滑脱效应的压降范围差异率随渗透率比变化的曲线。图 4-36 为煤-页岩复合储层考虑耦合作用与线性叠加的压降范围差异率差随层间渗透率比变化的曲线。

从图 4-34 和图 4-35 中可以看出，不同层间渗透率比的条件下，煤层考虑耦合作用的压降范围小于无层间窜流与层内动态滑脱流的压降范围，耦合作用引起的压降范围差异率为负值，页岩层考虑耦合作用的压降范围大于无层间窜流与层内动态滑脱流的压降范围，耦合作用引起的压降范围差异率为正值；煤层、页岩层中考虑耦合作用引起的压降范围差异率均随层间渗透率比的增加而增大，其增加幅度趋于平缓。以压降大于 3MPa 范围为例，当层间渗透率比（k_{m0}/k_{y0}）为 2、5、10 和 20 时，煤层抽采 90d 后耦合作用引起的压降范围差异率分别为 -19.10%、-28.36%、-31.60% 和 -33.23%，页岩层抽采 90d 后耦合作用引起的压降范围差异率分别为 16.68%、51.37%、88.56% 和 136.65%。从图 4-36 中可以看出，煤层考虑耦合作用的压降范围差异率小于考虑线性叠加的压降范围差异率，耦合作用与线性叠加的差异率差值随层间渗透率比的增大而减小；页岩层考虑耦合作用的压降范围差异率在层间渗透率比较小时小于考虑线性叠加的压降范围差异率，在层间渗透率比较大时大于线性叠加，耦合作用与线性叠加的差异率差值随层间渗透率比的增加而先减小后增大。其机理为考虑耦合作用后，煤层、页岩层抽采90d后滑脱系数均减小，但由于页岩层渗透率小，动态滑脱效应对页岩层压降影响大于煤层，导致层间压差增大，耦合作用使得页岩层向煤层窜流能力增强，因此考虑耦合作用小于考虑线性叠加煤层的压降范围；在模拟时，煤层与页岩层渗透率比的增大是由页岩层渗透率减小引起的，而煤层渗透率不变，页岩层渗透率越小，抽采90d后，出现窜流的区域越小，耦合作用影响范围越小，导致耦合作用和线性叠加差异率差值越小。对于页岩层而言，层间渗透率比越大，两层渗透率差异越小，形成的层间压差也越小，窜流使得页岩层压力降低幅度较小，在平均压力较大的高压阶段，有效应力作用大于基质收缩作用，滑脱系数增大，此时动态滑脱效应使得页岩层压力下降幅度增加，煤层与页岩层层间压差减小，抑制了页岩层中的气体向煤层窜流，使得考虑耦合作用小于考虑线性叠加页岩层压力的增加幅度。随着渗透率比的增加，层间窜流能力增加，页岩层中平均气体压力较小，滑脱系数减小，导致动态滑脱效应使得页岩层压力下降减弱，煤层与页岩层的层间压差增大，促进了页岩层中的气体向煤层窜流，因此在渗透率比较大时考虑耦合作用大于考虑线性叠加页岩层压降范围的差异率。

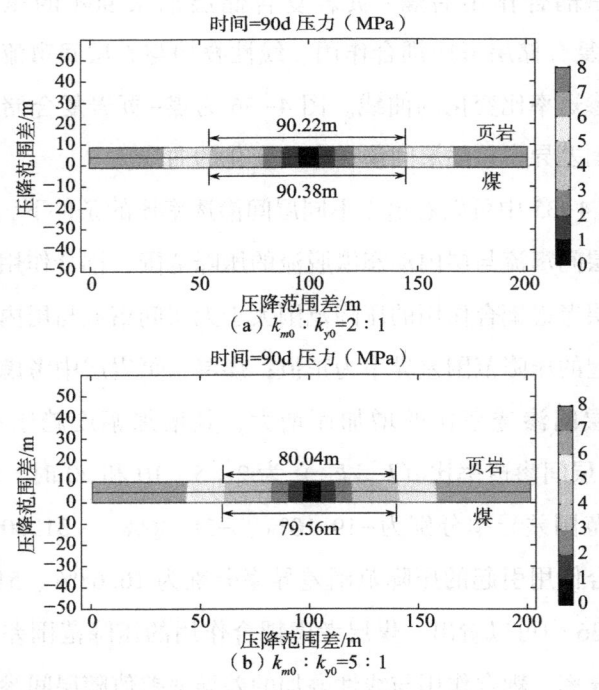

图4-34　考虑耦合作用后煤-页岩复合储层压力分布等值线图（$k_{m0}=5\times10^{-2}$mD）

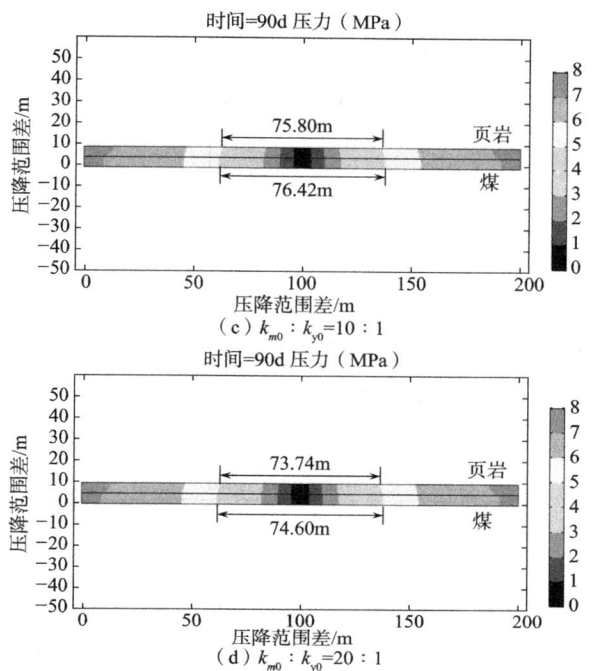

图 4-34 考虑耦合作用后煤-页岩复合储层压力分布等值线图（$k_{m0} = 5 \times 10^{-2}$ mD）（续）

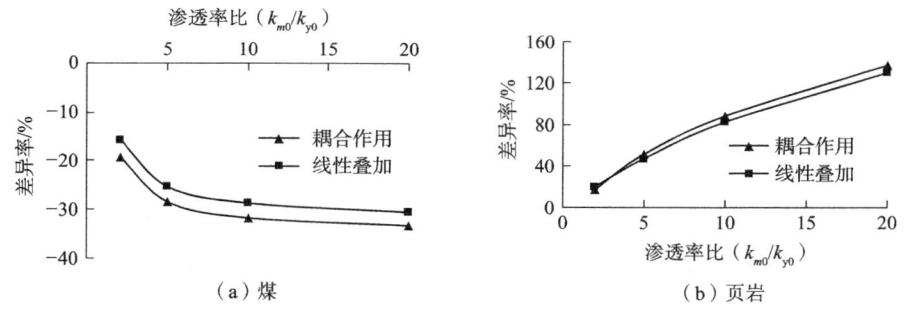

图 4-35 煤-页岩复合储层考虑耦合作用、线性叠加引起的压降范围差异率随渗透率比变化的曲线

（2）煤-砂岩复合储层

图 4-37 为考虑耦合作用后煤-砂岩复合储层抽采 90d 后的压力分布等值线图。图 4-38 为煤-砂岩复合储层考虑耦合作用和线性叠加引起的压降范围差异率随层间渗透率比变化的曲线。图 4-39 为煤-砂岩复合储层考虑耦合作用与线性叠加引起的压降范围差异率差随渗透率比变化的曲线。

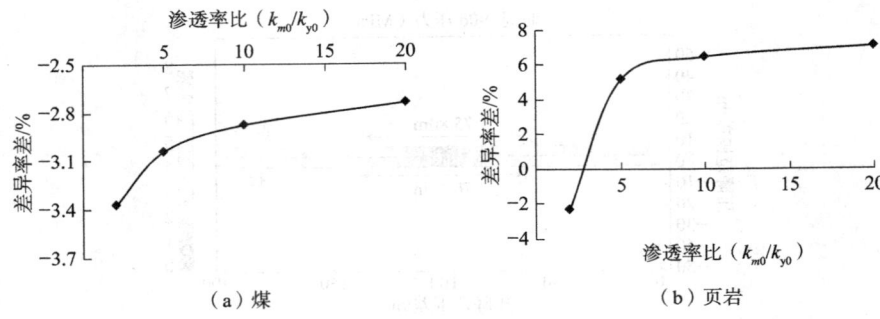

图4-36 煤-页岩复合储层考虑耦合作用与线性叠加引起的压降范围差异率差随渗透率比变化的曲线

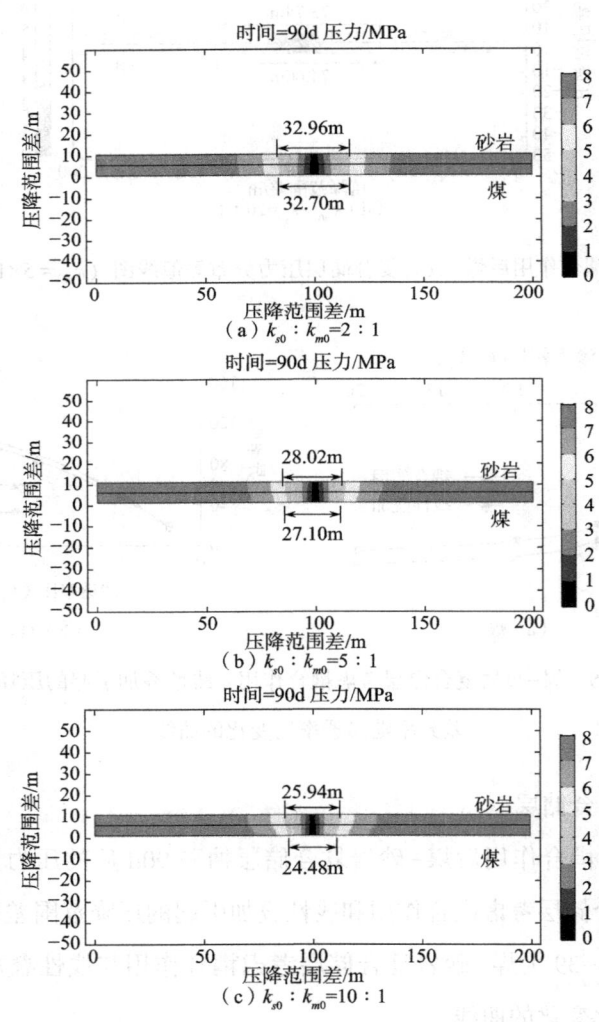

图4-37 考虑耦合作用后煤-砂岩复合储层压力分布等值线图（$k_{s0}=0.5 \times 10^{-2}$ mD）

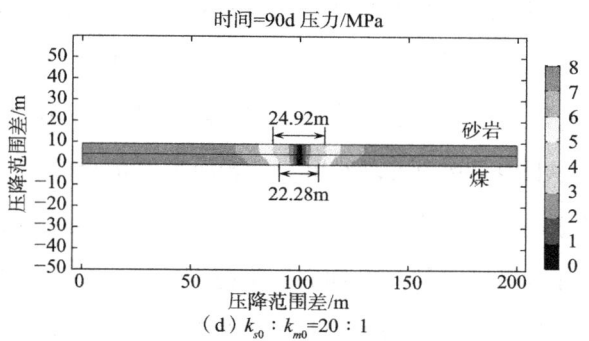

图 4-37　考虑耦合作用后煤-砂岩复合储层压力分布等值线图（$k_{s0}=0.5×10^{-2}$mD）（续）

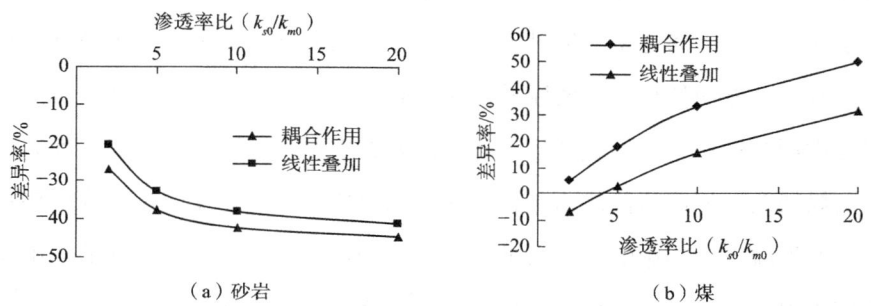

图 4-38　煤-砂岩复合储层考虑耦合作用、线性叠加引起的压降范围差异率随渗透率比变化的曲线（压降大于 3MPa 范围）

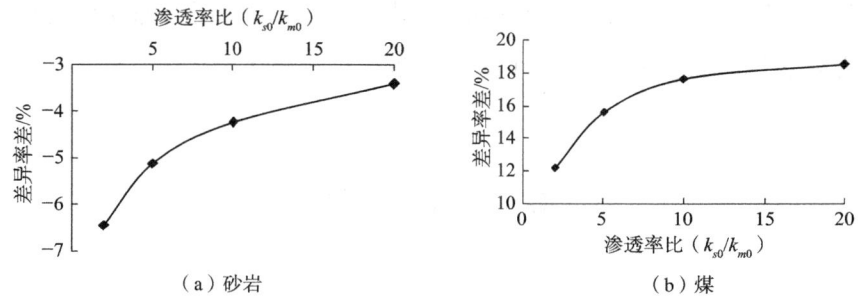

图 4-39　煤-砂岩复合储层考虑耦合作用与线性叠加引起的压降范围差异率差随渗透率比变化的曲线

从图 4-37 和图 4-38 中可以看出，不同层间渗透率比的条件下，考虑耦合作用后砂岩层压降范围小于无层间窜流与层内动态滑脱流，其压降范围差异率为负值，而煤层压降范围均大于无层间窜流与层内动态滑脱流，其压降范围差异率为正值。砂岩层、煤层中考虑耦合作用引起的压降范围差异率均随层间渗透率比的增大而增大，其增加幅度趋于平缓。以压降大于3MPa范围为例，当层间渗透率比（k_{s0}/k_{m0}）为2、5、10和20时，砂岩层考虑耦合作用引起的压降范围差异率分别为-27.21%、-38.12%、-42.71%和-44.96%，煤层考虑耦合作用引起的压降范围差异率分别为4.94%、18.03%、33.33%和50.13%。从图4-39中可以看出，砂岩层考虑耦合作用小于考虑线性叠加的压降范围差异率，考虑耦合作用与线性叠加的差异率差值随层间渗透率比的增大而减小；煤层考虑耦合作用大于考虑线性叠加的压降范围差异率，耦合作用与线性叠加的差异率差值随层间渗透率比的增加而增大。其机理为动态滑脱效应的存在使得砂岩层滑脱系数增加，流动能力增强，砂岩层与煤层层间压差增大，引起窜流能力增加，由煤层向砂岩层窜流气体增多，因此导致考虑耦合作用后砂岩层压降范围小于线性叠加，煤层压降范围大于线性叠加。渗透率比值越大，气体由煤层向砂岩层窜流能力越强，使得砂岩层压力下降减弱，进而使得动态滑脱效应对压降范围的影响减弱，因此随渗透率比的增加砂岩层考虑耦合作用与线性叠加后压降范围差异率逐渐减小。对于煤层而言，渗透率比越大，由煤层向砂岩层窜流能力越强，使得煤层压力下降速度越快，煤层中压力的减小增加了动态滑脱效应的影响，导致随渗透率比的增加耦合作用对压降的影响越来越明显，耦合作用引起的煤层压降范围差异率与线性叠加相比差异越来越大。

从考虑耦合作用与线性叠加对各层压降范围的影响可以看出，在层间渗透率比较大时，耦合作用对砂岩层压力扩展范围的影响较大；而在渗透率比较小时，耦合作用对煤层压力扩展范围影响较大。因此在研究煤-砂岩复合储层合采时，想要准确掌握各层压力变化情况就必须考虑层间窜流与层内动态滑脱流的耦合作用。

4.6　本章小结

本章以第3章所建立的考虑层间窜流与层内动态滑脱流耦合作用渗流模型为基础，采用COMSOL数值模拟软件数值，对典型的煤-页岩、煤-砂岩复合储层煤层气合采时层内动态滑脱流、层间窜流及其耦合作用对各层压力的影响及随抽采时间、初始渗透率及层间渗透率比的变化规律进行了数值模拟研究。具体结论如下：

（1）动态滑脱流对煤系气合采压力分布的影响及变化规律

煤、页岩层考虑与不考虑动态滑脱效应的压降范围差随抽采时间的增加呈现先减小后增大的情况；砂岩层考虑动态滑脱效应的压降范围大于不考虑时的压降范围，考虑与不考虑动态滑脱效应的压降范围差随抽采时间的增加而增大；煤层、页岩层和砂岩层考虑与不考虑动态滑脱效应的压降范围差异率随初始渗透率的减小而增大。

（2）层间窜流对煤系气合采压力分布的影响及变化规律

对于煤-页岩复合储层，考虑层间窜流时煤层的压降范围比不考虑时减小，页岩层的压降范围比不考虑时增大；煤层、页岩层考虑与不考虑层间窜流的压降范围差随抽采时间的增加而增大；煤层、页岩层考虑与不考虑层间窜流的压降范围差异率随层间渗透率比的增加而增大，但增大幅度趋于平缓。

对于煤-砂岩复合储层，考虑层间窜流时煤层压降范围比不考虑时增大，砂岩层的压降范围比不考虑时减小；煤层、砂岩层考虑与不考虑层间窜流的压降范围差随抽采时间的增加而增大；煤层、砂岩层考虑与不考虑层间窜流的压降范围差异率随层间渗透率比的增加而增大，但增大幅度趋于平缓。

（3）层间窜流与层内动态滑脱流耦合作用对煤系气合采压力分布的影响及变化规律

对于煤-页岩复合储层，煤层、页岩层考虑耦合作用和线性叠加的压降范围差异率差均随抽采时间的增加而先减小后增大；煤层耦合作用与线性叠加的压降范围差异率差随层间渗透率比的增加而减小，页岩层耦合作用与线性叠加的压降范围差异率的差随层间渗透率比的增加先减小后增大。

对于煤-砂岩复合储层，煤层、砂岩层耦合作用和线性叠加的压降范围差异率差均随抽采时间的增加而增大；煤层耦合作用和线性叠加的压降范围差异率差随层间渗透率比的增加而减小，砂岩层耦合作用和线性叠加的压降范围差异率差随层间渗透率比的增加而增大。

第 5 章

考虑层间窜流与层内动态滑脱流的煤系气渗流模型在产能预测中的应用

产能是决定煤系气开发与否的关键指标，产能的准确预测在整个煤系气开发中至关重要。准确地认识煤系气在复合储层中的运移规律及压力分布规律是煤系气合采产能预测的前提与保障。前述章节研究了滑脱系数的动态变化规律，建立了考虑动态滑脱效应和层间窜流的复合储层煤系气渗流模型，分析了层间窜流、层内动态滑脱流及其耦合作用对煤系气合采压力分布的影响，对煤系气在复合储层中的运移有了深入的了解。本章在前述研究的基础上，以山西某矿 9 号煤及顶底板组成的煤系气储层为研究对象，分析煤系气合采时层内动态滑脱流、层间窜流及其耦合作用对产能的影响，以期实现复合储层煤系气合采产能的准确预测。

5.1 山西某矿概况及复合储层划分

5.1.1 自然概况

(1) 地理位置

山西某矿位于山西省古交市东南,行政区划属古交市所辖,其地理坐标为北纬37°48′00″~37°55′00″;东经112°09′22″~112°15′51″。井田范围北以古交断层和煤层露头线为界,即地表以古交村、铁磨沟村一线为界;东起半沟D12钻孔,经D19、D25、167钻孔至182号孔东南2 000余米止,地面以后小峪村、黄台峰村东、经高五足至张家里村东;南到康家社、师家山、张家里村南一带;西以大川河东岸洪水位线为界。

(2) 地形地貌特征

山西某矿位于吕梁山东侧,属中低山区。区内切割剧烈、沟谷纵横,地形复杂,沟谷及其两侧基岩裸露,山顶多被黄土覆盖。纵观全区地势,南高北低,东高西低,其最高点位于井田东南富家洼一带,海拔1 500m左右,北部汾河床最低,铁磨沟附近标高960m,相对高差540m左右,沟谷多呈北西向分布,较大的沟谷有半沟、长峪沟、铁磨沟等。

(3) 地表水体

山西某矿水系主要为流经井田北部的汾河,在古交镇河谷宽600~900m,流量受上游汾河水库控制,平时水深仅0.50m,最大时可达673m³/s,坡度3‰。此外,井田西部为大川河,自南向北于古交市与汾河交汇。

(4) 气象情况

本区属暖温带大陆性气候,冬寒夏热,春季多风,秋季凉爽,年平均气温12.7℃,12月份最冷,至次年1月间,日最低气温−22.4℃;6~8月份最热,日最高气温达37.2℃,年降水量多集中在6~9月,年平均降水量为360.1mm,年蒸发量为1 480.9mm,年平均蒸发量为年平均降水量的3~4倍,气候较为干燥,年主导风向为西风和东南风,冬春常见西风,夏季多为东南风及南风,最大风速16.0m/s,最大风力9级,一般为3~4级,冰冻期为每年10月上旬至翌年3月份,最大冻土深度0.90m,年平均无霜期130~160天。

5.1.2 构造概况

按山西省构造体系的划分,太原西山煤田属新华夏构造体系,是山西省北中部呈雁行斜列的三个聚煤盆地之一。位于祁吕贺兰山字形构造东翼内带的中部、阳曲—盂县纬向亚带（37°50′~38°20′）西南部、太岳山经向构造带北延处的东侧。

按构造形迹特征及其组合规律,初步将西山煤田划分为三个构造体系。即经向构造、新华夏构造以及旋扭构造。经向构造分布在煤田西部,主要由马兰向斜、水峪向斜构成。新华夏系北东—北东东向泰山式断隙主要展布在经向构造以东,呈带呈束出现。煤田西北、东南有帚状构造显示。

矿区位于马兰向斜的东翼,受新华夏系泰山式断裂的控制。地层走向北西,倾向南西,倾角3°~8°,基本上为宽缓波状、穹窿状褶皱的单斜构造。断层横穿本区中部,组成地堑,其间小断层密布,形如树枝。此外,沟谷两侧常见到滑坡等现象。构造分布见图5-1。

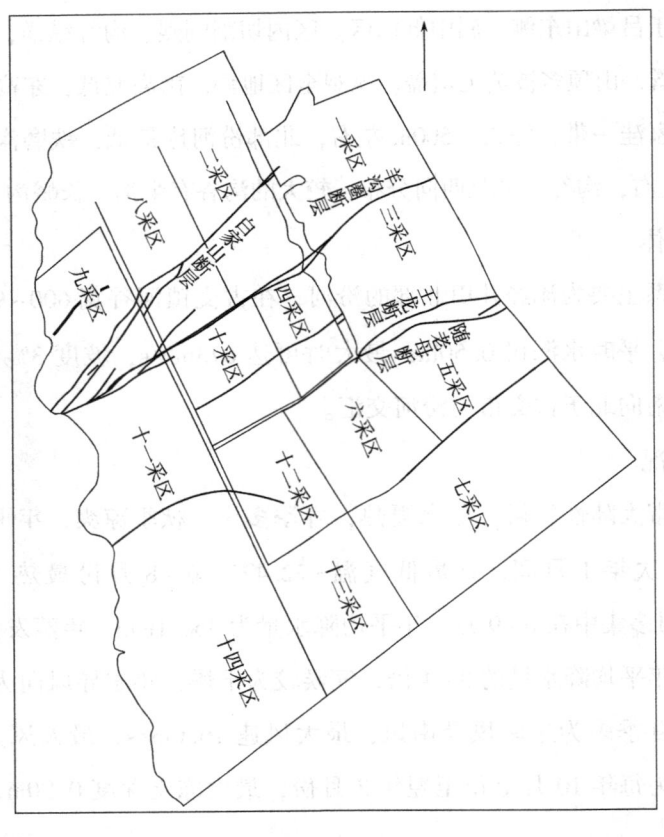

图5-1 山西某矿地质构造纲要图

5.1.3 水文地质概况

5.1.3.1 水文地质单元

东曲煤矿位于汾河上游晋祠泉域的中南部。该泉域东北部边界与兰村泉边界为共同边界,此边界为可变边界。北部及西北部边界以变质岩系为边界,西边界位于孤堰山、寨儿坡、岭底村至山前大断裂,该线与岭底向斜轴吻合,奥陶系顶面标高为204~301m,具有滞流阻水作用;东部与南部以大断层为边界,为排泄边界,形成一个独立的水文地质单位。

地貌属中低山区,下古生界寒武系为含煤岩系基底,广泛分布于煤田之西、北西,新生界地层在本区广为分布。汾河自本区北部边界流过,为流经本区的最大河流,区内沟谷多为季节性河流,呈扇形展布,注入汾河。地下水的补给主要是接受大气降水的入渗及汾河及其支流的漏失。

5.1.3.2 主要含水层

各含水组包括岩溶含水岩组、裂隙含水岩组和孔隙含水岩组。岩溶含水岩组主要为寒武系、奥陶系碳酸盐岩,其中奥陶系中统是主要的含水层组,广泛分布于本区的北部、西部。奥陶系中统又可划分为3个组8个岩性段,3个含水层组主要分布在石灰岩发育的岩性段,即峰峰组上段(O_2f_2)、上马家沟组的中段、上段(O_2S_{2+3}),以及下马家沟组中段、上段(O_2X_{2+3})。3个隔水层主要分布在泥灰岩、角砾状泥灰岩、角砾状白云质灰岩及次生脉状石膏夹层的岩性段。裂隙含水岩组包括太原组含水层组、山西组含水层组、下石盒子组含水层组、上石盒子组及石千峰含水层组和三叠系含水层组。其中太原组含水层组以裂隙承压水为主,主要含水层为太原组的砂岩及3~4层石灰岩,钻孔单位涌水量0.00006~2.66L/(s·m),水位标高789.40~1204.66m,矿化度为0.228~1.53g/L,水化学类型为$HCO_3·SO_4~Mg·Na$及$SO_4·HCO_3~Ca·Mg$型水;山西组含水层组以K_3砂岩为本组主要含水层,钻孔单位涌水量为<0.00004~0.0548L/(s·m),水位标高964.04~116.61m,矿化度为0.383~0.714g/L,pH值7.62,水化学类型为$HCO_3·SO_4~Mg·Na$型水;下石盒子组含水层组主要含水层为K_4、K_5中砂岩含水层,钻孔单位涌水量为0.0025~0.0558L/(s·m),水位标高993.13~1102.09m,矿化度为0.39~0.60g/L,水化学类型为$HCO_3·SO_4~Mg·Na$型水;上石盒子组及石千峰含水层组主要含水层为K_6、K_7、K_8含砾粗砂岩含水层,钻孔单位涌水量为0.026~0.041L/(s·m),水位标高848.19~1018.04m,矿化度为0.32~0.416g/L,pH值7.6,水化学类型为$HCO_3·$

SO_4~$Mg \cdot Na$ 型水；三叠系含水层组以砂岩构造裂隙水为主，底部为 K_9 砂岩，钻孔单位涌水量为 0.259~$1.059L/(s \cdot m)$，水位标高 798.93~811.17m，矿化度为 0.5 左右，pH 值 7.8，水化学类型为 $HCO_3 \cdot SO_4$~$Mg \cdot Na$ 型水。孔隙含水岩组主要为近代河谷中冲积层中第四系、第三系的砂、砂砾及卵石含水层，含水层渗透性以汾河最好，钻孔单位涌水量为 0.176~$11.79L/(s \cdot m)$，水位标高 744.62~1 075.54m，矿化度为 0.232~0.729g/L，pH 值 7.1~8.6，水化学类型为 $HCO_3 \cdot SO_4$~$Mg \cdot Na$ 型水。

5.1.4 煤系地层及煤系气储层

5.1.4.1 煤系地层

山西某矿域地层由老至新依次为：中太古界界河口群、上太古界吕梁山群、元古界震旦亚界长城系霍山群；古生界寒武系中统徐庄组、张夏组、上统固山组、长山组、凤山组、奥陶系下统太原组；二叠系下统山西组、下石盒子组、上统上石盒子组、石千峰组；三叠系刘家沟组和尚沟组、二马营组及新生界第三、四系。详细情况见图 5-2。其中上石炭太原组（$C_{3}t$）和下二叠统（P_1）的山西组（P_{1s}）为主要含煤地层，总计平均厚度约 156m。

上石炭统太原组（$C_{3}t$），连续沉积于下伏本溪组之上，为一套海陆交互相含煤建造，井田主要含煤地层之一，由灰黑色泥岩、砂质泥岩、灰色中细粒砂岩和 3 层石灰岩及 7~8 层煤组成。底部以一层灰白色细—中粒砂岩 K_1（晋祠砂岩）为基底与本溪组分界。本组厚 86.70~128.64m，平均厚 110m 左右。下二叠统（P_1）山西组（P_{1s}）与下伏太原组连续沉积，为一套陆相碎屑岩沉积含煤建造，井田主要含煤地层之一，由灰黑色泥岩、砂质泥岩、灰色中细砂岩及 7~8 层煤组成；底部以一层灰白色厚层状中—粗粒砂岩 K_3（北岔沟砂岩）为底与太原组分界。本组厚 29.60~60.50m，平均厚 45.88m。

5.1.4.2 煤系气储层

（1）煤储层

研究区主要含煤地层为二叠系下统山西组和石炭系上统太原组，共含煤 17 层，自上而下编号依次为 02、03、1、2、3、$4_上$、4、$4_下$、5、6、$6_下$、7、$8_上$、8、9、10、11 号。含煤地层总厚 155.88m，煤层总厚 14.40m。主采煤层 2、$8_上$、8、9 号煤层及其顶底板煤系气气测显示强烈，是本次研究的目标煤层，由于 $8_上$ 和 8 号煤层间仅存在一层夹矸，因此，本次研究统称为 8 号煤。

2 号煤：煤层厚 0.76~3.01m，平均 1.66m。由南向北逐渐变厚，在北部一带厚达

2m 以上，南部部分地区甚至相变为炭质泥岩，整个 2 号煤层含夹石 1~2 层，结构较简单。除个别点相变为炭质泥岩之外，全区煤层厚度分布稳定，为薄—中厚煤层。顶板为细碎屑岩或铝质泥岩，底板为炭质泥岩。

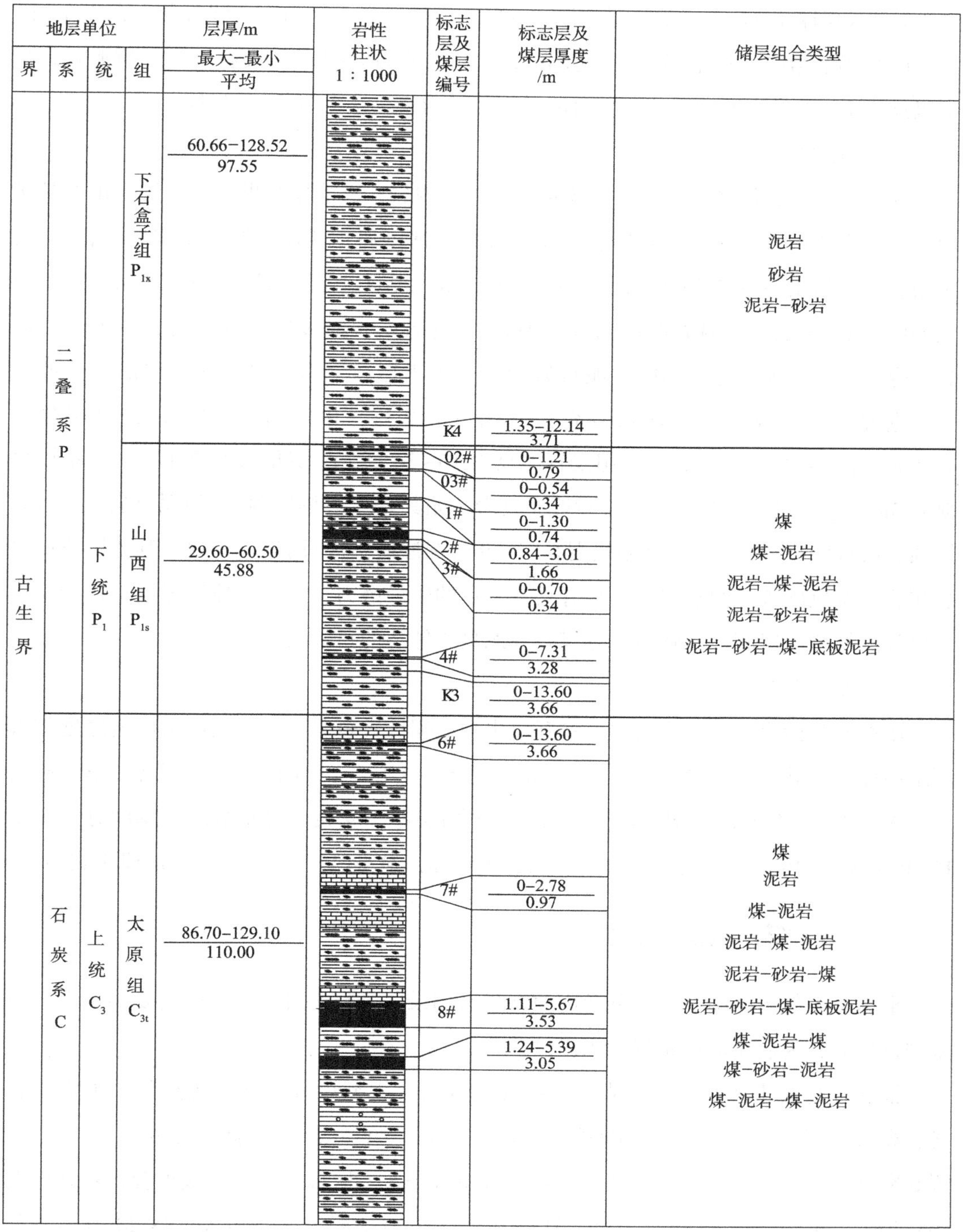

地层单位				层厚/m	岩性	标志	标志层及	储层组合类型
界	系	统	组	最大-最小 平均	柱状 1:1000	层及 煤层 编号	煤层厚度 /m	
古生界	二叠系 P	下统 P_1	下石盒子组 P_{1x}	$\dfrac{60.66-128.52}{97.55}$				泥岩 砂岩 泥岩-砂岩
			山西组 P_{1s}	$\dfrac{29.60-60.50}{45.88}$		K4	$\dfrac{1.35-12.14}{3.71}$	煤 煤-泥岩 泥岩-煤-泥岩 泥岩-砂岩-煤 泥岩-砂岩-煤-底板泥岩
						02#	$\dfrac{0-1.21}{0.79}$	
						03#	$\dfrac{0-0.54}{0.34}$	
						1#	$\dfrac{0-1.30}{0.74}$	
						2#	$\dfrac{0.84-3.01}{1.66}$	
						3#	$\dfrac{0-0.70}{0.34}$	
						4#	$\dfrac{0-7.31}{3.28}$	
						K3	$\dfrac{0-13.60}{3.66}$	
	石炭系 C	上统 C_3	太原组 C_{3t}	$\dfrac{86.70-129.10}{110.00}$		6#	$\dfrac{0-13.60}{3.66}$	煤 泥岩 煤-泥岩 泥岩-泥岩 泥岩-砂岩-煤 泥岩-砂岩-煤-底板泥岩 煤-泥岩-煤 煤-砂岩-泥岩 煤-泥岩-煤-泥岩
						7#	$\dfrac{0-2.78}{0.97}$	
						8#	$\dfrac{1.11-5.67}{3.53}$	
							$\dfrac{1.24-5.39}{3.05}$	

图 5-2 山西某矿煤系综合柱状图

8号煤层厚1.11~5.67m,平均3.53m。8号煤层上分层即8$_上$号煤层在区内发育较好,其发育地段煤层增厚(系8$_上$与8号煤层间的炭质泥岩增厚所致),合并区呈片状出现。8号煤含夹石0~4层,结构复杂,为中厚—厚煤层。

9号煤层厚1.24~5.39m,平均厚3.08m,东厚西薄。大川河一线最薄,在2.5m以下,向东逐渐增厚,在东部一线厚达4m以上。含夹石0~3层,夹石均为炭质泥岩,其中以最下部一层夹石较厚,东部达1m以上,结构较复杂,为薄-厚煤层。

(2) 泥页岩储层

同煤层一样,煤系暗色泥页岩既可以作为烃源岩,又能作为煤系气储层。山西某矿山西组泥页岩较太原组薄,其厚度分布特征为北薄南厚、西薄东厚。据调查资料显示,山西组泥页岩最厚可达34.57m,最薄达14.12m。太原组泥页岩厚度较山西组厚,其最大厚度达64.77m,最薄处厚度为36.91m。尽管煤系中泥页岩广泛发育,但大多与砂岩、煤岩互层,连续分布的厚层泥页岩较少,由于层数众多,单层泥页岩厚度一般不大;据统计资料显示,山西组发育泥页岩6~17层,单层最厚13.58m,单层最薄0.25m,平均层厚2.31m;太原组发育泥页岩16~34层,单层最大厚度12.3m,单层最薄0.3m,平均层厚1.97m。煤层附近泥页岩,尤其是主力煤层顶/底板泥页岩(2号煤层顶、底板泥页岩;8号煤层底板泥页岩,9号煤层底板泥页岩),与煤系其他层位泥页岩相比,有机碳含量明显偏高,自身具备一定的生烃潜力,且由于邻近煤层,接受来自煤层气的补给,气测显示强烈,是煤系中泥页岩储层的目标层位。

(3) 砂岩储层

山西某矿砂岩层与泥页岩层多呈互层出现。据统计资料显示,山西组砂岩厚度较太原组厚度小,其累计厚度为7.2~30.75m,共6~11层,其分布为东厚西薄,单一砂岩层最大厚度达14.7m,最小厚度为0.5m,平均层厚2.92m;太原组砂岩厚度分布介于12.05~53m,共5~20层,单层厚度最大21.35m,最小厚度0.4m,平均层厚3.03m。

▶▶▶ 5.1.5 煤系气储层类型

根据煤系气组合类型的划分及山西某矿气测录井资料,对山西某矿主要储层组合类型进行划分,为后期的煤系气合采提供参考。

根据气测录井显示,山西某矿煤系气气藏组合类型可分为独立煤层气、独立页岩气、煤层气-页岩气、煤层气-砂岩气、页岩气-砂岩气、煤层气-页岩气-砂岩气组合气藏6类(表5-1、图5-3)。煤层气-页岩气组合是研究区最主要的气藏组合,累计厚度108.26m,占54.68%,其中泥岩-煤层-泥岩组合类型所占比例最大,达20.18%,其次为煤层-泥岩-煤层-泥岩互层组合类型,占16.59%,煤层-泥岩组合类型次之,为13.28%。煤层气-页岩气-砂岩气组合累计厚度57.56m,占29.07%,其中以砂岩-泥岩-煤层-泥岩-砂岩组合为主,占8.16%。独立页岩气组合累计厚度15.33m,占7.74%。页岩气-砂岩气组合累计厚度13.40m,占6.77%。独立煤层气和煤层气-砂岩气组合所占比例较小,分别为1.06%和0.68%(图5-3)。

表 5-1 研究区煤系气储层组合类型

气藏类型	组合类型	组合数	厚度/m	厚度百分比/%
独立煤层气	煤层	2	2.10	1.06
独立页岩气	泥岩	5	15.33	7.74
煤层气-页岩气	煤层-泥岩	6	26.29	13.28
	泥岩-煤层-泥岩	5	39.96	20.18
	煤层-泥岩-煤层	2	9.17	4.63
	煤层-泥岩-煤层-泥岩互层	6	32.85	16.59
煤层气-砂岩气	煤层-砂岩	1	0.93	0.68
页岩气-砂岩气	泥岩-砂岩	1	2.08	1.05
	砂岩-泥岩	1	4.00	2.02
	泥岩-砂岩-泥岩-砂岩互层	3	7.33	3.70
煤层气-页岩气-砂岩气	泥岩-砂岩-煤层	2	7.68	3.88
	煤层-砂岩-泥岩	2	9.35	4.72
	煤层-泥岩-砂岩-泥岩	1	7.23	3.65
	泥岩-煤层-砂岩-泥岩	1	7.90	3.99
	泥岩-砂岩-煤层-泥岩	1	9.01	4.55
	砂岩-泥岩-煤层-泥岩-煤层-砂岩	1	10.30	5.20
	泥岩-煤层-泥岩-煤层-泥岩-砂岩-泥岩	1	6.10	3.08

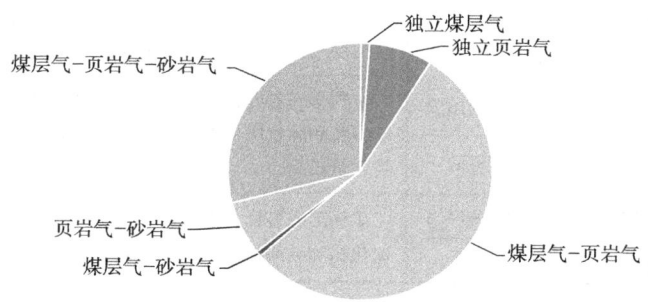

图 5-3 煤系气储层叠置组合类型比例分布图

综上所述,研究区气藏组合以煤层气-页岩气组合为主,其次为煤层气-页岩气-砂岩气组合,其他依次为独立页岩气、页岩气-砂岩气、独立煤层气和煤层气-砂岩气。

5.2 储层的物性特征

5.2.1 储层的矿物组成

1）煤的矿物组成

按照 GB/T 6948-2008、GB/T 212-2008 等对山西某矿煤样矿物组成进行测试。山西某矿主力煤层 2 号、8 号和 9 号煤煤层的煤岩显微组分显示，2 号煤煤层显微组分中有机组分以镜质组为主，镜下鉴定多为基质镜质体、均质镜质体，少量碎屑镜质体，其中镜质组含量占 57.1%~90.6%，平均 81.09%，惰质组含量 9.4%~42.9%，平均 18.91%，个别煤片中有少量粗粒体和碎屑体，组分界限不清；8 号煤煤层显微组分中以镜质组为主，多为均质镜质体，其次为基质镜质体。基质镜质体中常分布有粗粒体和黏土颗粒。其中镜质组含量占 62.7%~80.1%，平均含量为 75.4%，惰质组含量占 19.9%~37.3%，平均含量为 24.1%，组分之间的条带性较 2 号煤层明显；9 号煤煤层显微组分中同样以镜质组为主，多为均质镜质体，其次为基质镜质体，其中镜质组含量占 62.7%~81.7%，平均含量为 72.5%，惰质组含量 18.3%~37.3%，平均含量为 25.6%，组分之间的条带性更为明显（表 5-2）。

表 5-2　山西某矿煤层组分

煤层	镜质组/%	惰质组/%	矿物含量/%	矿物备注
2 号煤	57.1~90.6 / 81.09	9.4~42.9 / 18.91	5.4~23.2 / 10.9	以分散状、浸染状黏土类为主，部分为充填状。黏土中局部见石英碎屑，部分见黄铁矿颗粒和脉状方解石。硫化物和碳酸盐类次之，其他矿物类含量较少
8 号煤	62.7~80.1 / 75.4	19.9~37.3 / 24.1	2.2~16.2 / 7.3	矿物形态各异，多为分散状、浸染状，有时呈絮状，见黄铁矿颗粒和脉状次生方解石。硫化物和碳酸盐类次之，其他矿物类含量较少
9 号煤	62.7~81.7 / 72.5	18.3~37.3 / 25.6	4.3~14.8 / 8.5	矿物形态各异，多为透镜状或浸染状，个别片中可见方解石。硫化物和碳酸盐类次之，其他矿物类含量较少

2）泥页岩矿物组成

研究区的泥页岩储层主要由黏土矿物、陆源碎屑矿物（如石英、长石等）及少量的有机物质组成，受成岩环境等影响，山西某矿石炭-二叠纪的泥页岩储层非均质性显著，矿物组分间的差异也较为显著。矿物组成测试采用 D/MAX-2400 型 X-射线衍射光谱仪（图5-4）上进行。包括对矿物组成的定性分析和相对定量分析。D/MAX-2400 型 X-射线衍射光谱仪由 XRD 主机及其水冷循环系统、HP 计算机工作站和粉晶数据处理系统组成。测试时将所取岩样磨制成粒径小于 2μm 的微粒后制成定向薄膜，在 D/MAX-2400 型 X-射线衍射光谱仪上，用 $CuK\alpha_1$ 辐射在管电压 40kV 管电流 40mA、以每分钟 $1°2\theta$ 的扫描速度进行分析。

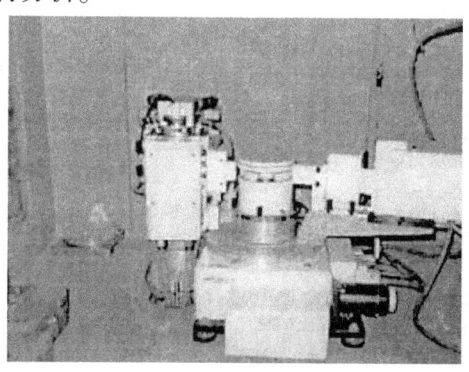

图 5-4　X 射线衍射光谱仪

X 射线衍射测试结果表明，研究区富有机质泥页岩所含矿物中石英、黏土矿物含量最多，其次为方解石、斜长石和钾长石，白云石、黄铁矿、菱铁矿、菱镁矿、硬水铝石和软水铝石等矿物含量相对较少（图5-5），其中以黏土矿物和石英为主，部分样品含有一定量的黄铁矿。其中黏土矿物含量变化范围较大，介于 35%～91%，平均含量为 65%，石英含量介于 5%～52%，平均含量为 23%。黏土矿物类型有伊/蒙混层、伊利石、高岭石和绿泥石，且以高岭石为主，相对含量介于 9%～70%，平均含量为 52%；伊利石含量次之，介于 3%～39%，平均含量为 25%。

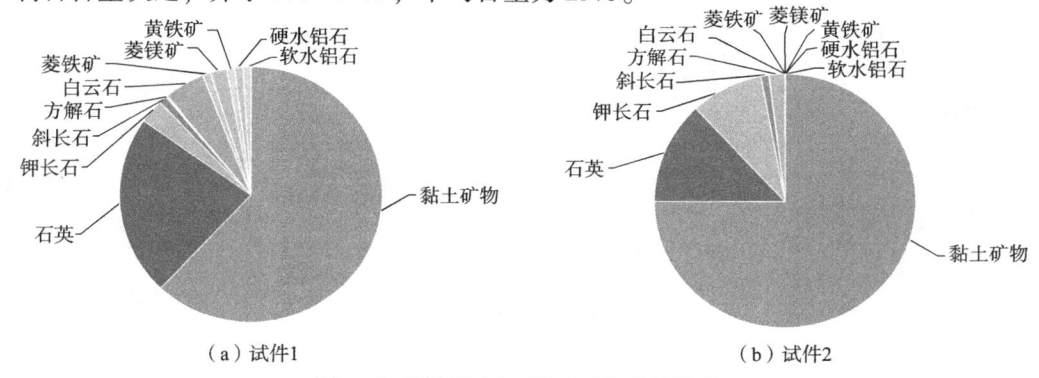

图 5-5　研究区泥页岩矿物含量分布图

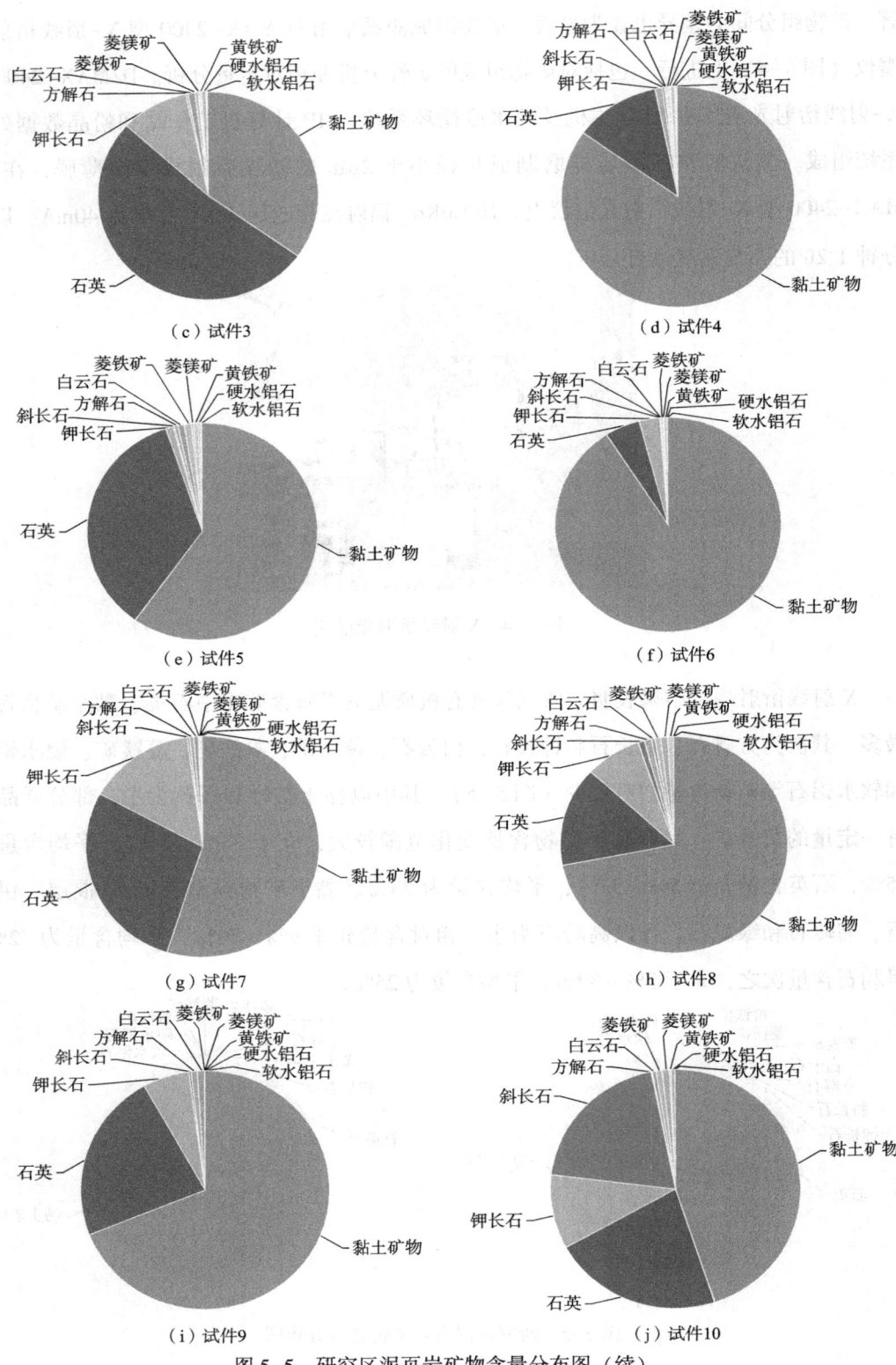

图 5-5 研究区泥页岩矿物含量分布图(续)

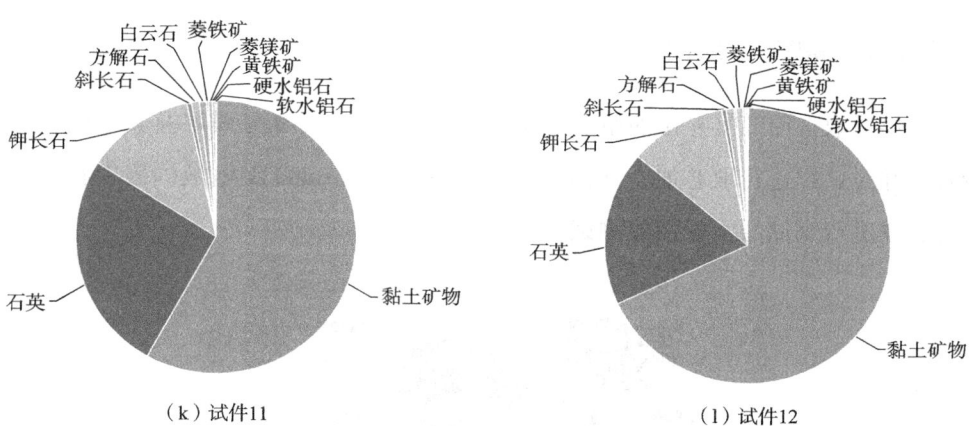

(k) 试件11　　　　　　　　　　　　(l) 试件12

图 5-5　研究区泥页岩矿物含量分布图（续）

3) 砂岩矿物组成

山西某矿顶底板砂岩样 X-射线衍射测定结果显示：顶底板岩石所含矿物成分主要为石英、沸石、高岭石、珍珠石、绿泥石和云母等（图 5-6），其平均含量为：石英 78.13%，沸石 10.78%，高岭石 8.25%，珍珠石 3.23%，绿泥石 1.93%，云母 1.42%。

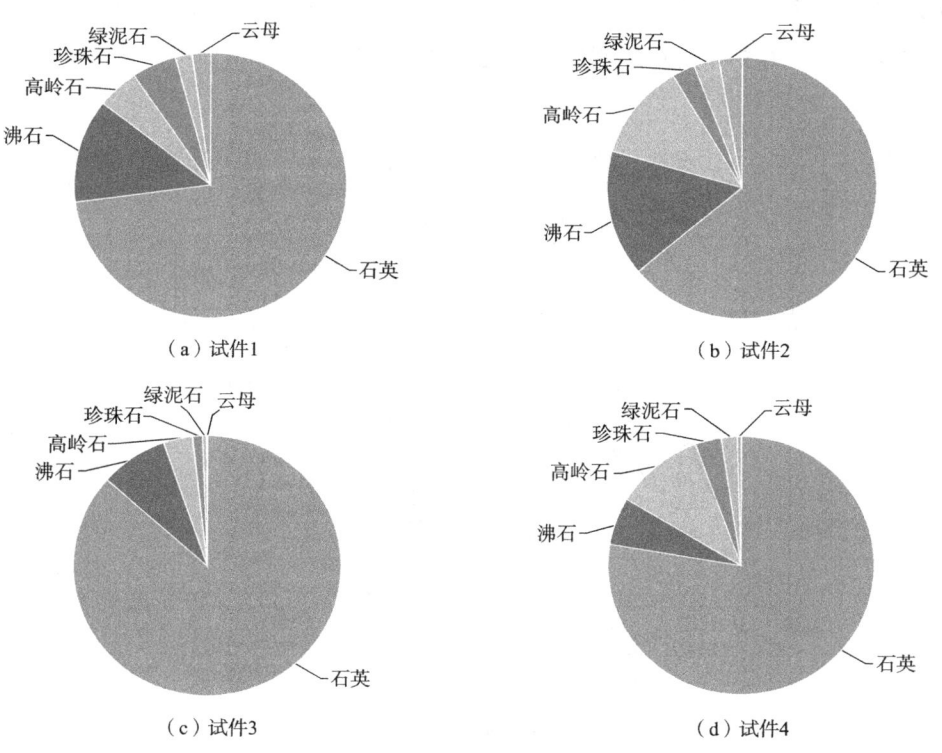

(a) 试件1　　　　　　　　　　　　(b) 试件2

(c) 试件3　　　　　　　　　　　　(d) 试件4

图 5-6　研究区砂岩矿物含量分布图

▶▶▶ 5.2.2 储层力学特性

实验煤样取自山西某矿山西组 2 号煤层及太原组 8 号、9 号煤层及其顶底板泥页岩和砂岩,并对试样进行取芯加工(图 5-7)。采用 WAW-600 型电液伺服岩石力学测试系统对试样进行煤储层力学性能测试。

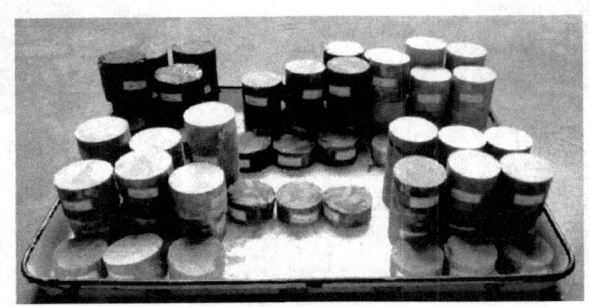

图 5-7 试验煤样

1) 煤的力学性能测试结果

测定的主要参数有:单轴抗压强度、抗拉强度、弹性模量、泊松比等。煤样的轴向应力-应变曲线如图 5-8 所示。测试结果见表 5-3~表 5-5。

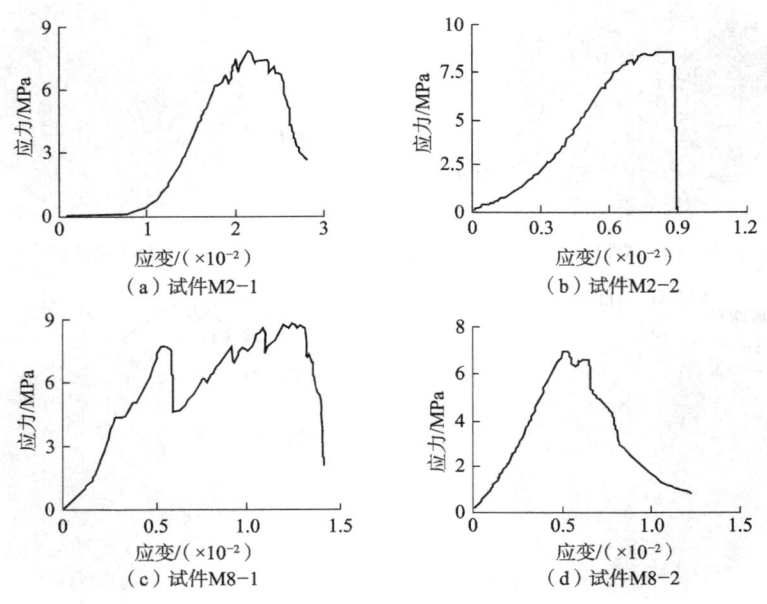

图 5-8 煤样轴向应力-应变曲线

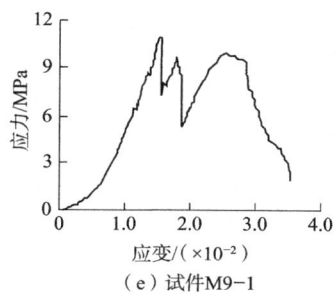
(e) 试件M9-1

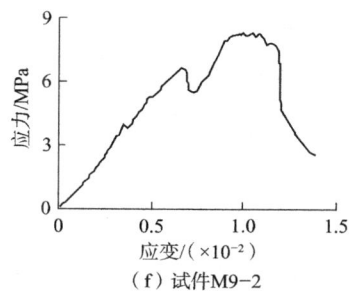
(f) 试件M9-2

图 5-8　煤样轴向应力-应变曲线（续）

表 5-3　2 号、8 号和 9 号煤层试样单轴抗压强度测试结果

层位	岩石名称	试件编号	试件尺寸 $D \times L/(mm \times mm)$	试件破坏载荷/kN	试件抗压强度 R_{ci}/MPa	平均抗压强度 R_{cp}/MPa
2 号煤	煤	M2-1	49.60×103.04	16.82	8.71	8.890
		M2-2	49.66×95.30	17.56	9.07	
8 号煤	煤	M8-1	49.86×103.64	17.37	8.90	8.175
		M8-2	49.56×103.12	14.36	7.45	
9 号煤	煤	M9-1	49.60×94.92	20.55	10.64	9.390
		M9-2	49.58×102.96	15.71	8.14	

表 5-4　2、8、9 号煤层试样抗拉强度（巴西劈裂法）测试结果

层位	岩石名称	试件编号	试件尺寸 $D \times L/(mm \times mm)$	试件破坏载荷/kN	试件抗压强度 R_{ci}/MPa	平均抗压强度 R_{cp}/MPa
2 号煤	煤	M2-1	49.78×26.14	0.48	0.25	0.45
		M2-2	49.50×30.12	1.17	0.65	
8 号煤	煤	M8-1	49.62×28.62	1.42	0.73	0.48
		M8-2	49.80×28.60	0.42	0.22	
9 号煤	煤	M9-1	49.48×27.08	0.70	0.38	0.34
		M9-2	49.82×28.40	0.57	0.29	

表 5-5　2 号、8 号和 9 号煤层试样弹性模量与泊松比测试结果

层位	岩石名称	试件编号	横向应变/(×10⁻²)	纵向应变/(×10⁻²)	纵向应力 σ/MPa	弹性模量 E/MPa 单个	平均	泊松比 ν 单个	平均
2 号煤	煤	M2-1	0.0318	0.1326	4.35	3280	2835	0.24	0.245
		M2-2	0.0443	0.1773	4.24	2390		0.25	

续表

层位	岩石名称	试件编号	横向应变/(×10⁻²)	纵向应变/(×10⁻²)	纵向应力 σ/MPa	弹性模量 E/MPa 单个	平均	泊松比 ν 单个	平均
8号煤	煤	M8-1	0.029 7	0.141 2	2.46	1 742	2 130	0.21	0.215
		M8-2	0.022 0	0.110 1	2.77	2 518		0.20	
9号煤	煤	M9-1	0.036 8	0.160 1	5.21	3 255	2 911	0.23	0.240
		M9-2	0.060 4	0.241 4	6.20	2 567		0.25	

2）泥页岩力学性能试验

测定的主要参数有：单轴抗压强度、抗拉强度、弹性模量、泊松比等。泥页岩试样的轴向应力-应变曲线如图 5-9 所示。测试结果见表 5-6~表 5-8。

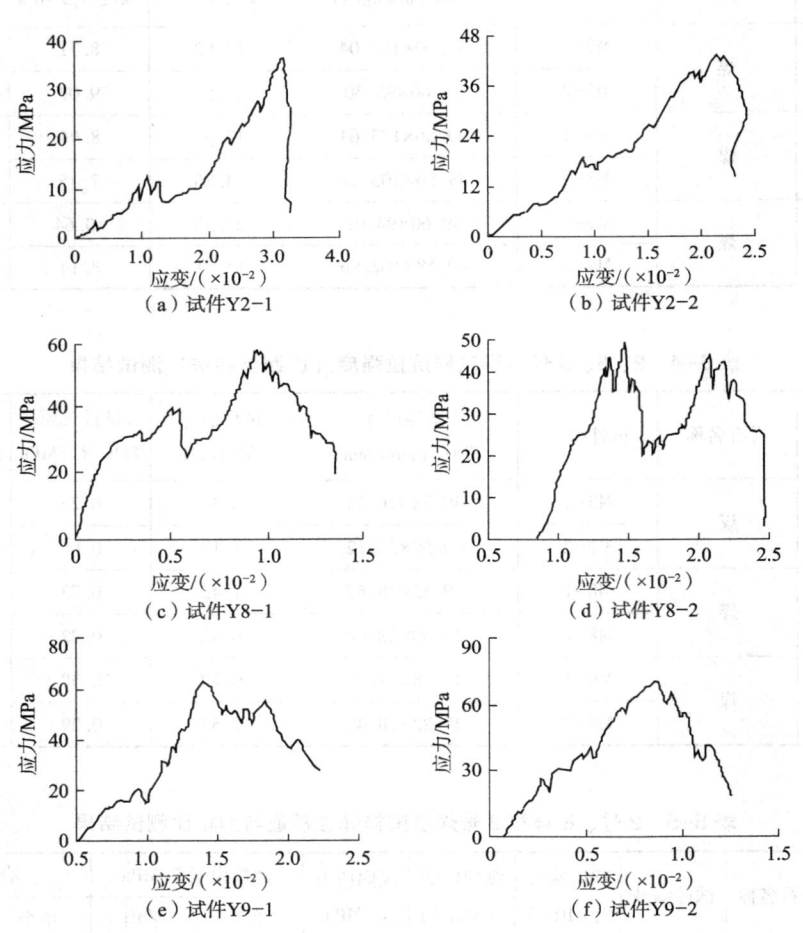

图 5-9 顶底板泥页岩试件轴向应力-应变曲线

表 5-6 顶底板泥页岩单轴抗压强度测试结果

试件编号	试件尺寸 $D×L$/(mm×mm)	试件破坏载荷/kN	试件抗压强度 R_{ci}/MPa	平均抗压强度 R_{cp}/MPa
Y2-1	49.72×104.20	70.40	36.28	39.655
Y2-2	49.20×103.18	81.77	43.03	
Y8-1	49.74×111.10	113.75	58.57	54.245
Y8-2	49.78×102.32	97.11	49.92	
Y9-1	49.83×98.66	129.00	66.18	69.530
Y9-2	49.92×105.28	142.57	72.88	

表 5-7 顶底板泥页岩抗拉强度（巴西劈裂法）测试结果

试件编号	试件尺寸 $D×L$/(mm×mm)	试件破坏载荷/kN	试件抗拉强度/MPa	平均抗拉强度/MPa
Y2-1	49.58×26.52	12.52	6.49	5.735
Y2-2	49.64×24.42	9.63	4.98	
Y8-1	49.40×28.98	6.56	3.42	3.81
Y8-2	49.56×31.40	8.11	4.20	
Y9-1	49.70×27.08	10.18	5.25	4.665
Y9-2	49.66×28.40	7.90	4.08	

表 5-8 顶底板泥页岩弹性模量与泊松比测试结果

试件编号	横向应变/(×10⁻²)	纵向应变/(×10⁻²)	纵向应力 σ/MPa	弹性模量 E/MPa 单个	平均	泊松比 ν 单个	平均
Y2-1	0.0830	0.3193	23.28	7290	7445	0.26	0.21
Y2-2	0.0594	0.3710	28.20	7600		0.16	
Y8-1	0.0469	0.2605	16.93	6500	6150	0.18	0.19
Y8-2	0.0753	0.3763	21.83	5800		0.2	
Y9-1	0.0561	0.2337	14.49	6200	6650	0.24	0.23
Y9-2	0.0471	0.2143	15.22	7100		0.22	

3）砂岩力学性能试验

测定的主要参数有：单轴抗压强度、抗拉强度、弹性模量、泊松比等。砂岩的轴向应力-应变曲线如图 5-10 所示。测试结果见表 5-9~表 5-11。

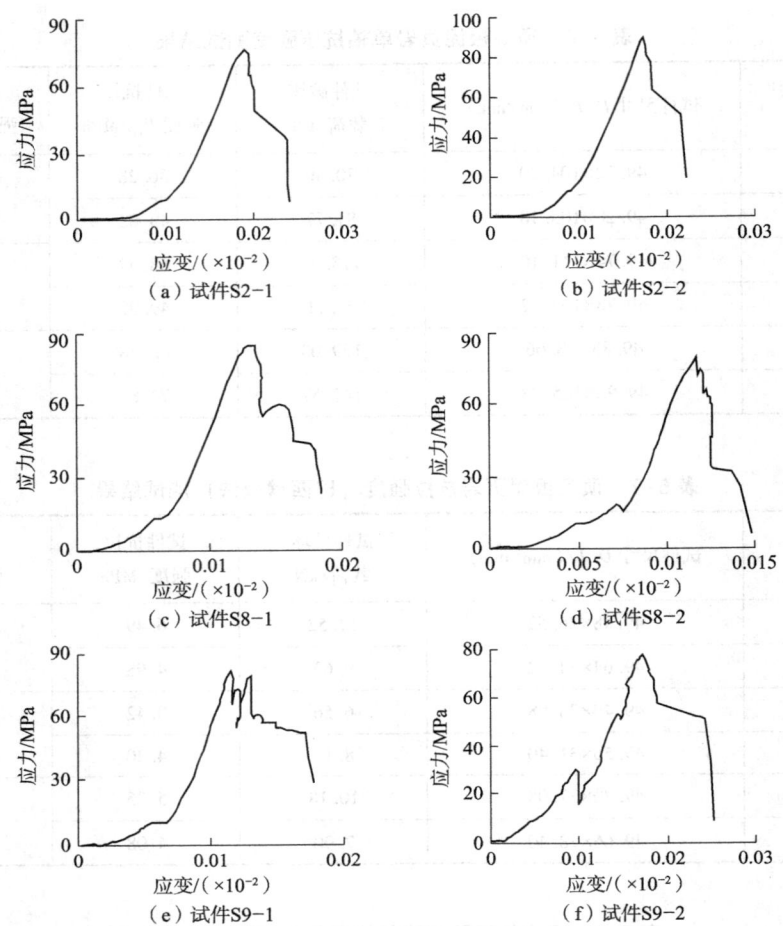

图 5-10 顶底板砂岩轴向应力-应变曲线

表 5-9 顶底板砂岩单轴抗压强度测试结果

试件编号	试件尺寸 $D×L$/(mm×mm)	试件破坏载荷/kN	试件抗压强度 R_{ci}/MPa	平均抗压强度 R_{cp}/MPa
S2-1	47.84×101.48	145.72	81.11	88.115
S2-2	46.52×100.88	161.59	95.12	
S8-1	47.50×99.92	155.90	88.02	85.900
S8-2	47.60×101.70	149.01	83.78	
S9-1	47.44×95.50	151.86	85.96	82.015
S9-2	47.50×97.92	138.27	78.07	

表 5-10 顶底板砂岩抗拉强度（巴西劈裂法）测试结果

试件编号	试件尺寸 $D×L$/(mm×mm)	试件破坏载荷/kN	试件抗拉强度 R_{ci}/MPa	平均抗拉强度 R_{cp}/MPa
S2-1	47.10×24.48	6.04	3.34	4.09
S2-2	48.10×25.04	9.24	4.84	
S8-1	47.62×23.56	9.85	5.59	4.42
S8-2	47.68×23.14	5.63	3.25	
S9-1	47.66×23.74	5.75	3.24	3.34
S9-2	47.46×23.64	6.04	3.43	

表 5-11 顶底板砂岩弹性模量与泊松比测试结果

试件编号	横向应变/(×10⁻²)	纵向应变/(×10⁻²)	纵向应力 σ/MPa	弹性模量 E/MPa 单个	弹性模量 E/MPa 平均	泊松比 ν 单个	泊松比 ν 平均
Y2-1	0.0825	0.3436	36.27	10556	11698	0.24	0.220
Y2-2	0.0615	0.3075	39.48	12840		0.20	
Y8-1	0.0841	0.4673	46.03	9850	10435	0.18	0.160
Y8-2	0.0502	0.3586	39.52	11020		0.14	
Y9-1	0.0477	0.3672	51.61	14055	14026	0.13	0.125
Y9-2	0.0456	0.3802	53.22	13997		0.12	

5.2.3 孔隙结构特征

煤系气储层中的煤、泥页岩和砂岩均属于多孔介质，其内部含有大量的微米-纳米级孔隙，丰富的内部孔隙为煤系气的储集提供了有利的条件。另外，煤系气储层中的孔裂隙不仅是煤系气的储存空间，还是煤系气运移的主要通道，煤系气需要经历解吸、扩散、渗流等一个或多个过程才能运移至生产井筒，此阶段中的每个过程都与其孔裂隙结构密切相关。在煤系气储层形成过程中，受地壳运动、有机质成熟生烃作用等影响，煤系气储层孔隙结构发生了较大的错动变形，使得其孔隙结构特征变得复杂多变。因此，想要研究煤系气在煤系气储层中的流动规律，科学合理地开发煤系气，其孔隙结构特征的研究就显得尤为重要。

鉴于煤系气储层孔裂隙结构特征对煤系气开发的重要性，国内外学者采用不同的测试方法对煤系气储层的孔裂隙结构进行了研究。归纳起来，目前对孔裂隙的测试方法可分为三类，第一类是采用显微镜、场发射扫描电镜（SEM）、透射电镜、原子力显微镜、显微 CT 扫描等显微观测手段，结合氩离子抛光技术等直观获得煤系气储层的孔裂隙形貌特征，该方法是一种孔裂隙结构特征半定量表征手段[182-184]；第二类是采用 X 射线衍射、核磁共振、中子散射等测试手段进行孔隙内部结构探测及图像分析等手段研究煤系气储层内部孔裂隙结构特征[185-188]；第三类是通过注入流体或吸附气体等研究煤系气储层内部孔隙结构特征，主要有高压压汞、低温氮气、二氧化碳吸附法[189-192]。目前在研究煤系气储层孔裂隙结构时，最常用的方法是高压压汞和低温液氮吸附两种测试手段相结合的方法，高压压汞法操作简单，测试时间短，但其仅可以表征煤系气储层的中大孔隙，对小孔隙的测试误差较大，低温液氮吸附法可以有效地表征微孔与介孔等小孔隙。因此，本研究采用高压压汞法与低温液氮吸附法相结合，采用高压压汞法测试煤系气储层中大孔隙，采用低温液氮吸附法测试其小孔隙，实现煤系气储层不同尺度孔隙的定量表征[189]。

5.2.3.1 高压压汞测试

测试样品采自山西某矿 2 号、8 号、9 号煤层及其顶底板泥页岩和砂岩。高压压汞试验仪器采用美国麦克仪器公司 9310 型压汞微孔测定仪。该测试仪所能测试的最高压力为 60 000psi，测量试样孔径范围为 3nm～1 000μm，本次试验目的是通过高压压汞测试对山西某矿煤系地层中的煤层、泥页岩和砂岩大孔隙结构参数实现定量表征。

（1）孔隙度

低孔、低渗是我国煤系气储层的基本特征。为了研究山西某矿煤系气储层孔隙特征，选取山西某矿主采煤层 2 号、8 号、9 号煤层及其顶底板泥页岩、砂岩试样共计 75 个进行高压压汞测试。测试结果表明，山西某矿煤层孔隙度分布在 1.892%～12.115%，其中孔隙度在 3%～4% 的试样数量最多，所占比例达到 48%；其次是孔隙度大于 4% 的试样，其所占比例达到 25%［图 5-11（a）］；泥页岩试样孔隙度明显小于煤样，其孔隙度分布介于 0.305%～1.90%，其中孔隙度小于 1% 的试样所占比例达到 58%，孔隙度在 1%～2% 的试样所占比例达到 42%［图 5-11（b）］；砂岩试样总体孔隙度大于煤样与泥页岩样，其孔隙度介于 0.8%～16.12%，其中孔隙度大于 4% 的试样所占比例高达 82%［图 5-11（c）］。山西某矿煤系气储层整体孔隙度介于 0.305%～16.12%，其中孔隙度大于 4% 的试样最多，所占比例为 36%；孔隙度介于 1%～2% 的试样次之，所占比例为 21%；孔隙度介于 1%～2% 和 3%～4% 的试样数目相差不大，所占比例分别为 18%、20%，孔隙度介于 2%～3% 的试样数目较少，所占比例为 5% [图 5-11(d)]。

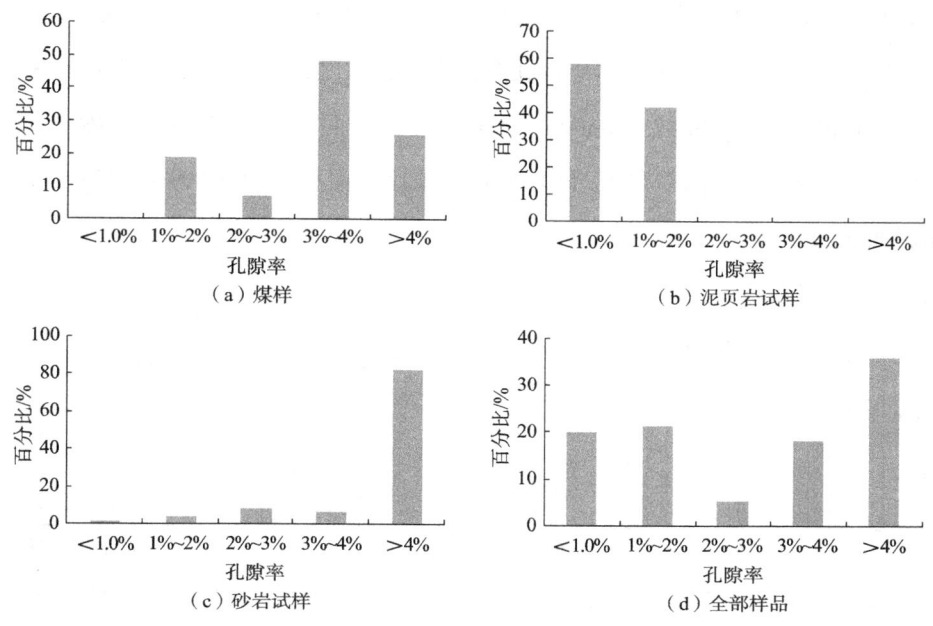

图 5-11 山西某矿煤系气储层孔隙率分布

(2) 孔容与比表面积

煤系气储层的孔容大小与比表面积是表征煤系气储集能力与吸附能力的重要指标[193]。煤系气储层的孔容大小及其分布特点与煤系气的储存密切相关，孔容越大，煤系气的储集空间越大，煤系气储层对甲烷的储集能力越强；孔容越小，煤系气的储集空间越小，其储集能力也越弱。煤系气储层孔隙比表面积的大小与煤系气储层吸附能力密切相关，比表面积越大，煤系气储层的吸附点位越多，其吸附能力越强[194]。

采用高压压汞试验，对山西某矿 2 号、8 号、9 号煤层及其顶底板泥页岩、砂岩试样共计 75 个试样的孔容大小及比表面积进行测试（图 5-12）。测试结果表明，山西某矿煤系气储层中的孔容分布在 0.001 6~0.072 9ml/g。煤系气储层中的煤、泥页岩和砂岩孔容大小具有明显差异。其中砂岩的平均孔容最大，所测试的 30 个样品中，其孔容大小分布在 0.003 1~0.072 9ml/g，平均孔容大小为 0.029 9ml/g；其次为煤的平均孔容，所测试的 15 个试样中，煤的孔容大小分布在 0.006 2~0.048 1ml/g，平均值为 0.022 9ml/g；泥页岩平均孔容最小，所测试的 30 个试样中，其孔容大小分布在 0.001 6~0.030 8ml/g，平均值为 0.007 2ml/g。

高压压汞测试孔隙比表面积结果显示（图 5-13），煤系气储层孔隙比表面积介于

0.009~18.205m²/g。不同类型储层其孔隙比表面积差异很大，其中煤储层平均孔隙比表面积最大，所测试的15个试样中，煤的孔隙比表面积介于2.811~18.205m²/g，平均孔隙比表面积为12.008m²/g；泥页岩平均孔隙比表面积次之，所测试的30个试样中，泥页岩孔隙比表面积介于0.028~2.808m²/g，平均孔隙比表面积为0.922m²/g；砂岩孔隙比表面积最小，所测试的30个试样中，砂岩平均孔隙比表面积介于0.009~3.925m²/g，平均孔隙比表面积为0.905m²/g。

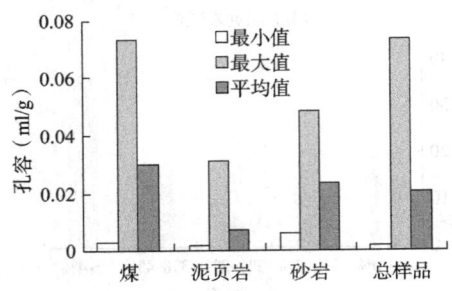

图5-12 山西某矿煤系气储层孔容分布

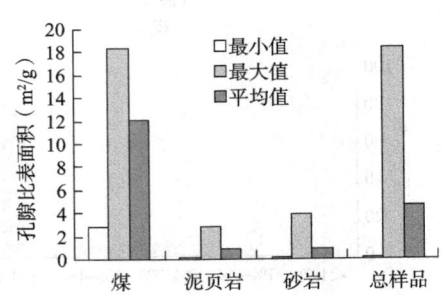

图5-13 山西某矿煤系气储层孔隙比表面积分布

（3）孔径分布

受地层运动、生烃演化的影响，煤系气储层孔隙发育呈现强烈的不规则性，表现为孔隙尺度及孔径分布具有明显的非均质性。根据高压压汞测试数据，计算得到山西某矿煤系气储层平均孔径分布大致在6.5~1922nm，相比泥页岩和致密砂岩，2号、8号和9号煤层其孔隙平均半径最小，其平均孔隙半径约为7.9nm；泥页岩孔隙半径次之，平均孔隙半径为116.8nm；砂岩孔隙半径最大，其平均孔隙半径约为288.26nm。

图5-14为山西某矿2号、8号和9号煤样阶段进汞量曲线，从图2-21中发现，山西某矿煤层孔隙半径呈两头高中间低的典型双峰式特征，其孔径主要分布于小于100nm和大于10000nm区域，在这两个区域，进汞量有明显的增大，出现两个峰值，在100nm~10000nm区域，其进汞量较少。由此可以判断，山西某矿煤储层微小孔与大孔发育较好，中孔发育较差。

图5-15为山西某矿2号、8号、9号煤层泥页岩试样阶段进汞量与孔隙直径分布图。从图中可以看出，泥页岩储层孔径分布规律与煤储层基本类似，其也呈现两头高中间低的双峰特征。但其双峰特征并不明显，不同试样其主要孔径分布差异较大，但总体而言，在孔隙空间主要分布在3~10nm的微孔和大于1000nm的超大孔。

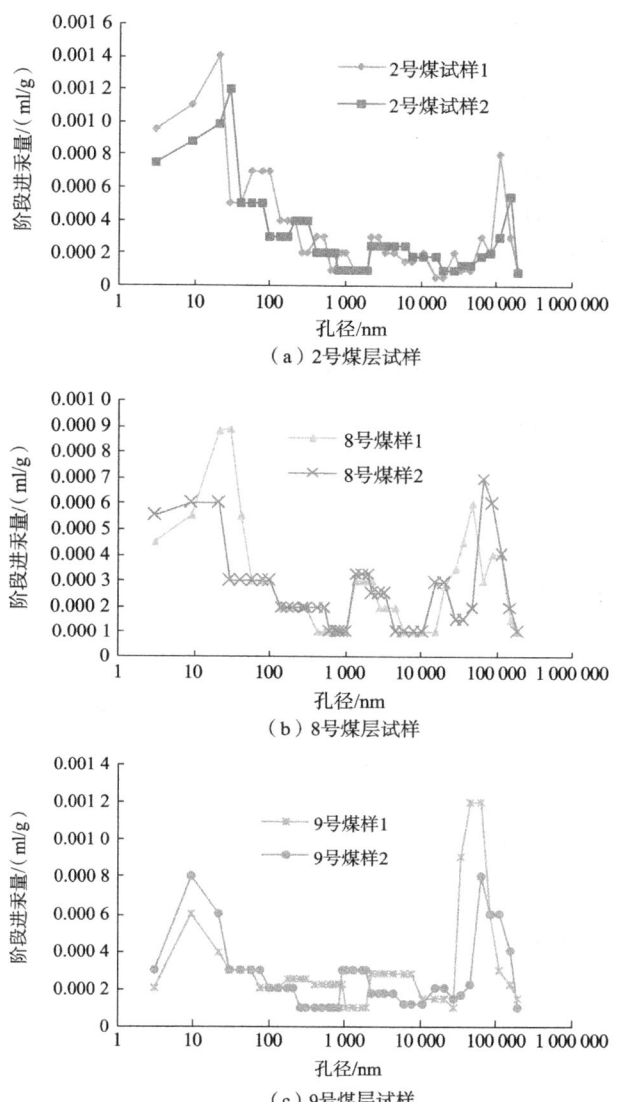

图 5-14 山西某矿煤样阶段进汞量曲线

图 5-16 为山西某矿 2 号、8 号、9 号煤层顶底板砂岩阶段进汞量与孔径分布图。从图中可以看出,山西某矿砂岩储层孔径分布特征与煤层、页岩层有明显区别,其呈现中间高两边低的单峰特征,且峰值出现范围较大,孔径小于 10nm 和大于 10 000nm 的孔隙数目占整个砂岩储层孔隙比例较少,其孔隙主要分布于 10~10 000nm。

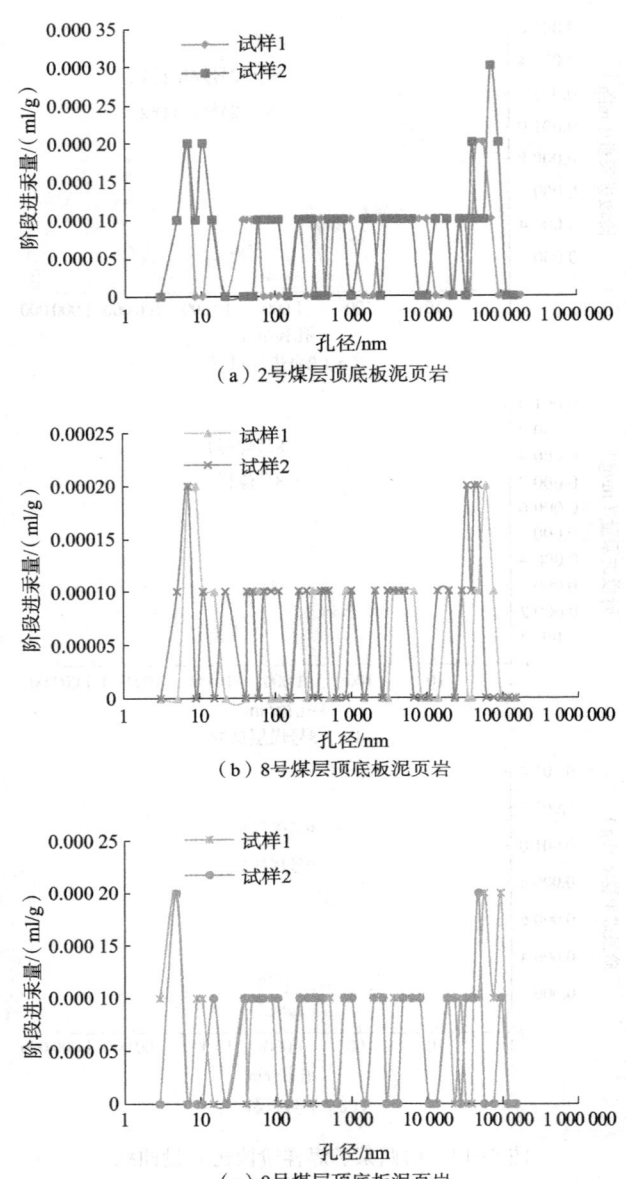

图 5-15 山西某矿顶底板泥页岩阶段进汞量-孔径分布图

5.2.3.2 低温液氮吸附测试

高压压汞测试的孔隙直径范围介于 3nm~1 000μm，其测试结果主要用于表征孔隙直径大于 100nm 的中、大孔隙，该范围内的孔隙可以较好地反映煤系气储层的渗流能力。对于孔隙直径较小的微孔隙而言，采用高压压汞测试时，需要较大的进汞压力，进汞压力过大将导致煤系气储层微孔隙产生变形，使得测试结果不准确。因此，对于山西某矿煤系气储层的微孔隙结构特征,本次采用低温液氮吸附的方法进行测试,以弥补高压压汞测试的不足之处。

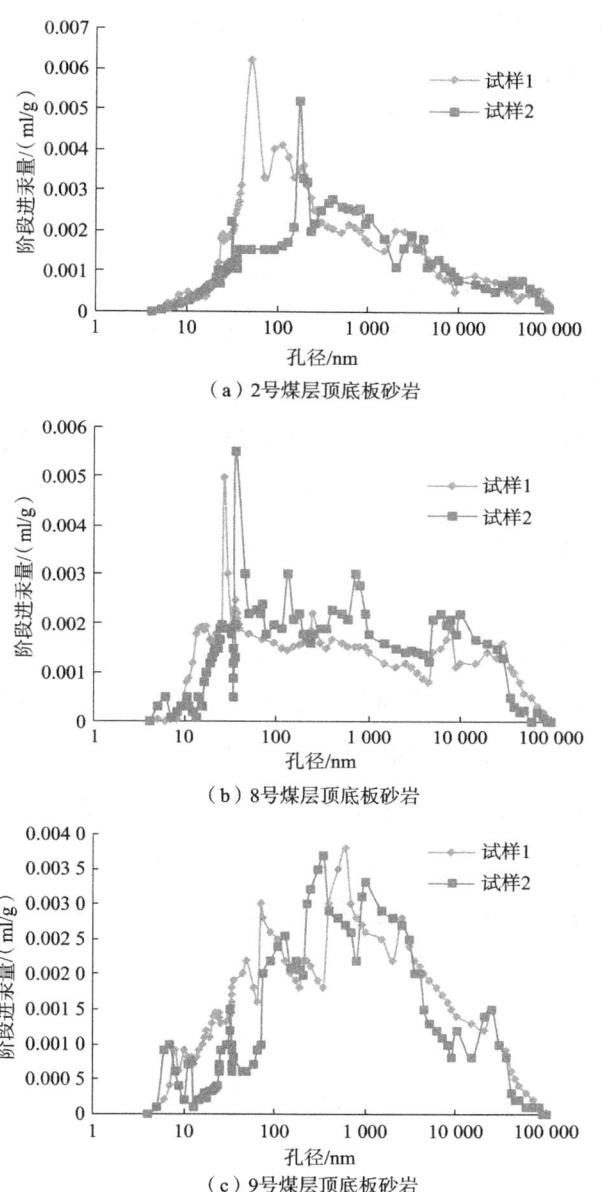

图 5-16 山西某矿顶底板砂岩阶段进汞量与孔径分布

低温液氮吸附法是目前常用的测试多孔介质材料微孔隙结构的手段之一,与 STM、AFM、TEM、HRTEM 等其他测试孔隙结构手段相比,低温液氮吸附法在测试多孔介质材料微孔隙结构时能够得到微观结构的统计信息,可以通过统计数据定量分析多孔介质的比表面积、孔径分布及孔隙体积等[195]。低温液氮吸附试验的原理是当气体分子与固体表面接触时，部分气体分子被吸附在固体表面上，当气体分子足以克服吸附剂表面自由场的位能时发生脱附，吸附与脱附速度相等时达到吸附平衡。当温度恒定时，吸附量是相对压力 p/p_0 的函数，吸附量可根据玻义耳-马略特定律计算。测得不同相对压力下的吸附量可得到吸附等温线，由吸附等温线可求得比表面积和孔径分布。由测得的吸附等温线采用 BET 模型计算单层吸附量，从而计算出样品的总比表面积 S，由相对压力为 0.98 时的氮吸附值换算成液氮体积得到总孔体积 V，由 Horvath-Kawazoe 法或者 BJH 模型或者 DFT 模型计算平均微孔孔径及其分布[196-198]。

本次低温液氮吸附测试选取山西某矿 2 号、8 号、9 号煤层及其顶底板泥页岩和砂岩试样，试样取回后破碎筛分，按试验要求制样。试验使用北京贝士德仪器科技有限公司生产的 3H-2000PHD 型比表面积及孔径测定仪进行低温液氮吸附试验。测试样品比表面积信息采用 BET 方程拟合得到的数据，孔径发育尺度及其分布特征采用 DFT 模型计算得到的数据绘制相关曲线。

（1）孔比表面积与孔体积

本次试验所测试的 2 号、8 号、9 号煤层及其顶底板泥页岩、砂岩试样共计 75 个。试验结果统计显示（图 5-17），山西某矿煤系气储层试验液氮吸附 BET 比表面积介于 0.0477~8.205 m^2/g。煤、泥页岩和砂岩之间 BET 比表面积差异较为明显。在所测试样中，泥页岩比表面积最大，其比表面积介于 1.298~8.025 m^2/g，平均比表面积为 3.802 m^2/g；砂岩比表面积次之，其比表面积介于 0.591~2.308 m^2/g，平均比表面积为 1.205 m^2/g；煤样比表面积最小，其比表面积介于 0.0477~0.528 m^2/g，平均比表面积为 0.269 m^2/g。

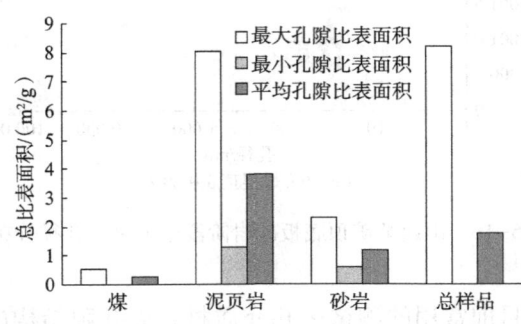

图 5-17 山西某矿煤系气储层液氮吸附 BET 比表面积特征

通过 BJH 模型计算所测试样低温液氮吸附孔隙体积。统计结果显示（图 5-18），山西某矿煤层、泥页岩层及砂岩层孔隙体积存在较大的差异，煤系气储层总的孔隙体积介于 0.000 28~0.018 50cm³/g，所测试样中煤的孔隙体积最小，其孔隙体积介于 0.000 28~0.002 05cm³/g，平均孔隙体积为 0.000 98cm³/g；所测泥页岩试样与砂岩试样孔隙体积相差不大，其中泥页岩试样孔隙体积介于 0.003 75~0.012 08cm³/g，平均孔隙体积为 0.008 28cm³/g；所测砂岩试样孔隙体积介于 0.002 55~0.018 3cm³/g，平均孔隙体积为 0.007 92cm³/g。

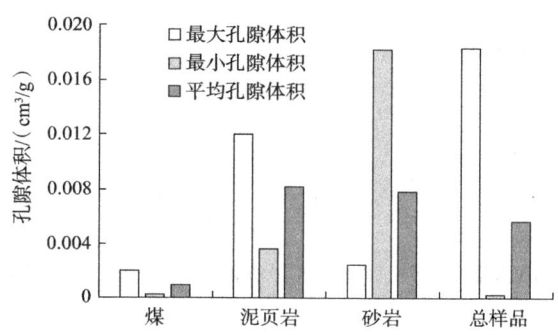

图 5-18　山西某矿煤系气储层液氮吸附孔隙体积特征

（2）孔径分布

相比高压压汞测试，低温液氮吸附测试法在微孔及小孔的表征上更为准确，进行低温液氮吸附试验可以弥补压汞试验在微孔及小孔方面测试的不足之处。本次低温液氮吸附试验结果统计显示（图 5-19），山西某矿煤系气储层孔径分布介于 4.682~52.159nm，不同类型储层其平均孔径存在明显差异。其中所测砂岩试样平均孔径最大为 27.150nm；煤样次之，在所测试样中，煤样的平均孔径为 19.508nm；泥页岩试样平均孔径最小，所测的泥页岩试样平均孔径为 10.225nm。

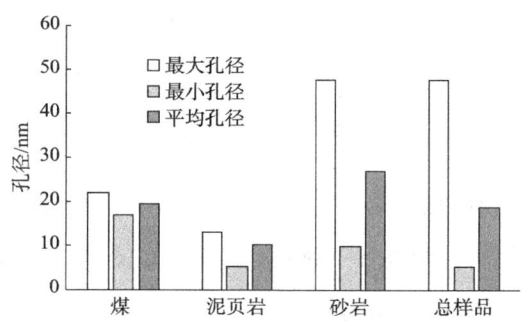

图 5-19　山西某矿煤系气储层液氮吸附孔径特征

依据低温液氮吸附 DFT 模型分析阶段的吸附速度与孔隙的关系，计算得到测试试样的纳米孔隙分布情况。图 5-20 为山西某矿 2 号、8 号、9 号煤液氮吸附 DFT 模型孔径分布图。从图中可以看出，煤层孔隙呈现明显的双峰特征，其峰值出现在 5~30nm 和 40~60nm 两个区间，该峰值的出现表明山西某矿煤储层孔径分布主要集中在这两个区域。

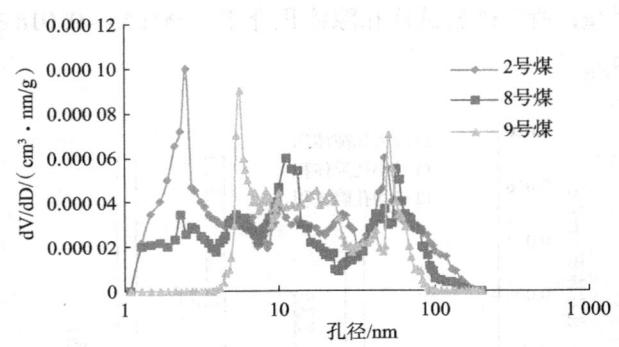

图 5-20　山西某矿 2 号、8 号、9 号煤液氮吸附 DFT 模型孔径分布图

图 5-21 为山西某矿顶底板泥页岩液氮吸附 DFT 模型孔径分布图。从图中看出，泥页岩孔径分布也呈现双峰特征，但其双峰峰值差异较明显，主峰主要出现在孔径小于 5nm 范围内，该范围内的孔隙所占比重较大，次峰出现在 10~100nm 范围内，该范围内的孔隙所占比重不大，但其范围较广。

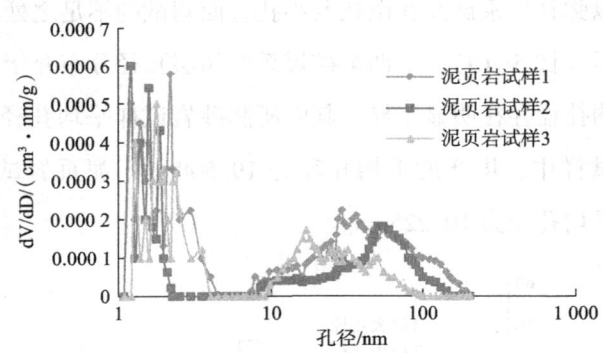

图 5-21　山西某矿顶底板泥页岩液氮吸附 DFT 模型孔径分布图

图 5-22 为山西某矿顶底板砂岩液氮吸附 DFT 模型孔径分布图。从图中可以看出，其孔径分布出现多个峰值，孔隙在 5~100nm 均有较好的发育，该现象表明砂岩在过渡孔较为发育，其孔隙在 5~100nm 均匀发育。

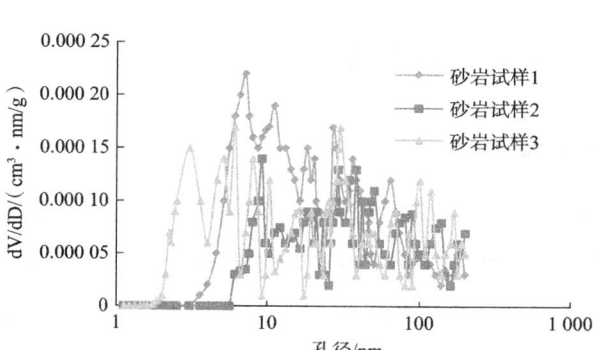

图 5-22　山西某矿顶底板砂岩液氮吸附 DFT 模型孔径分布图

由于高压压汞测试和低温液氮吸附测试所能准确表征的孔径范围不同，为了更为准确地研究山西某矿煤系气储层孔隙结构特征，结合两种测试手段的优势区间，对煤系气储层孔径小于 50nm 范围内的孔隙采用低温液氮吸附测试数据，对于孔径大于 50nm 的孔隙采用高压压汞测试数据，结合两种测试方法的优势对山西某矿煤系气储层孔隙结构进行测试。根据山西某矿煤系气储层压汞与液氮吸附测试数据（图 5-23）分析可见，总的煤系气储层孔隙发育相对较为均匀，微孔、过渡孔、中孔及大孔所占比例相差不大，据全部测试试样统计，微孔所占比例约为 30.6%，过渡孔约为 20.67%，中孔约为 19.3%，大孔约为 29.4%。虽然整体孔隙所占比例差异不大，但各类储层孔隙分布差异较为明显。煤储层的微孔和大孔较为发育，其中微孔占约 36%，大孔占约 29%，过渡孔与中孔发育较少，其所占比例约为 18% 和 17%；泥页岩储层孔隙发育与煤储层差异很大，其微孔极其发育，所占比例高达整个孔隙的一半以上，约为 53%，过渡孔与大孔所占比例相当，约为 22% 和 19%，中孔发育较差，所占比例仅为约 6%；致密砂岩大孔、中孔为优势孔径，二者所占比例达 75.2%，过渡孔发育其次，所占比例为 20.7%，微孔发育比例极小，仅占 2.8%。

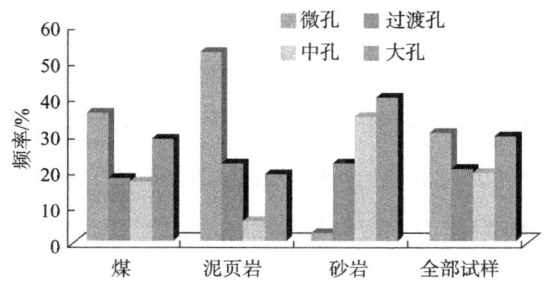

图 5-23　压汞试验和低温液氮吸附试验结合测得试样孔隙分布

5.2.4 储层的吸附特性及吸附应变

5.2.4.1 煤系气储层的吸附特性

煤系气的主要成分是甲烷，甲烷主要以吸附态赋存于煤、泥页岩这类煤系气储层中，其吸附能力的大小受多种因素的影响，目前研究表明，煤、泥页岩吸附甲烷的能力受温度、压力影响尤为显著。在甲烷吸附能力大小的测试中，最常用的测试方法是等温吸附试验，目前国内外研究学者针对甲烷的吸附机理提出了诸多吸附模型，从而获取煤系气储层甲烷等温吸附曲线，其中比较典型的吸附模型有：朗格缪尔吸附模型、BET（多层吸附）模型、Dubinin-Astakhov（D-A）及 Dubinin-Radushkevich（D-R）吸附模型等。在诸多模型中，朗格缪尔吸附模型具有公式简便、各参数物理意义强、曲线拟合与实测数据符合度高等优势，因此该模型被广泛使用，成为目前最常用的甲烷吸附模型。因此，对山西某矿煤系气储层吸附特性的研究采用朗格缪尔吸附模型。

吸附特性试验采用北京贝士德仪器科技有限公司生产的 3H-2000PHD 型等温吸附/解吸仪，试样采用粉装试样，其粒度为 60~80 目，样品试验前进行平衡水处理，仪器所能测试压力范围为 0~15MPa，其计算数据处理依据朗格缪尔等温吸附曲线，即

$$V = \frac{V_L P}{P + P_L} \tag{5-1}$$

式中：V 为压力 P 时的吸附量，m^3/t；V_L 为兰氏体积，m^3；P_L 为兰氏压力，MPa。V_L 表征煤具有的最大吸附能力，P_L 为解吸速度常数与吸附常数的比值，表示吸附量为其最大吸附量一半的压力，即 $V=V_L/2$ 时，$P=P_L$。

为研究山西某矿煤及泥页岩储层吸附特性，选取山西某矿 2 号、8 号、9 号煤层试样 6 个，顶底板泥页岩试样 6 个进行等温吸附试验，试验气体选择甲烷气体，试验温度 25℃。

图 5-24、图 5-25 分别为山西某矿 2 号、8 号、9 号煤层及其顶底板泥页岩试样等温吸附曲线。试验结果显示，山西某矿 2 号、8 号、9 号煤层均具有较强的甲烷吸附能力，其兰氏体积在 17.25~25.88m^3/t，平均值为 21.56m^3/t。山西某矿泥页岩等温吸附结果显示，泥页岩样品吸附能力比煤储层小得多，其兰氏体积在 0.35~1.55m^3/t，平均值为 0.96m^3/t。虽然泥页岩吸附量比煤小得多，但对比山西某矿海陆交互相泥页岩与中国南方海相龙马溪组（0.82~3.56m^3/t）[199,200]、筇竹寺组页岩（0.4~0.83m^3/t）[201,202]，其

吸附甲烷的能力相当。从泥页岩储层吸附能力角度来评价，研究区煤系泥页岩亦具有商业开发价值。

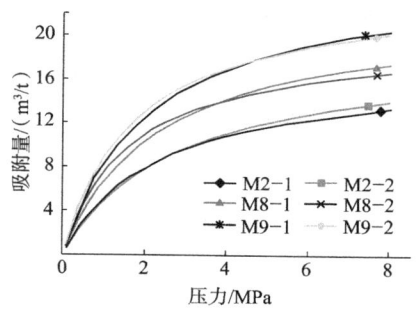

图 5-24　研究区煤甲烷等温吸附曲线特征

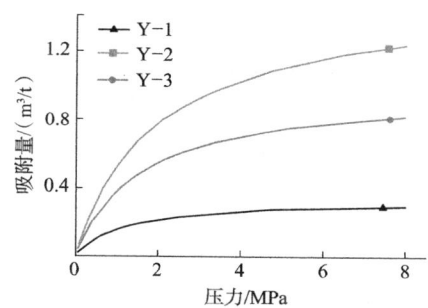

图 5-25　研究区泥页岩储层甲烷等温吸附曲线特征

5.2.4.2　煤系气储层的吸附应变

吸附变形是引起煤系气储层中煤和页岩基质收缩效应的根本原因，也是影响滑脱系数变化的关键因素之一。采用自主研发的煤体吸附-解吸变形测试试验系统，对山西某矿 2 号、8 号、9 号煤层及其顶底板泥页岩吸附应变进行测试。试验系统由真空系统、瓦斯供气系统、吸附-解吸系统和数据采集系统等构成。试验系统如图 5-26 所示。

试验步骤：①试验仪器气密性检测。向试验系统注入 $p=5\text{MPa}$ 的氦气，将阀门 1 和阀门 4 关闭，记录压力表读数，静置 24h 后再次记录压力表读数，若两次压力表读数无变化，则表示试验系统气密性良好，打开阀门 4 将系统中的气体排出。②试样制备与应变片放置。采用煤岩钻孔机在煤、页岩试样块钻取 50mm×100mm 的标准圆柱形试样。将试样表面用酒精擦拭干净，用胶水在煤样表面粘贴应变片，粘贴应变片后的煤样、页岩样置于解吸/吸附试验仪器腔体内。③真空脱气。关闭阀门 4，打开阀门 1、2 和 3，打开真空泵，对系统进行真空脱气，连续抽真空 4h 以上，关闭真空泵，关闭阀门 1，打开应变测试仪,记录应变片读数。④关闭阀门2,打开调节甲烷气体的控制阀和减压阀,调整好甲烷气体压力后打开阀门2,注入甲烷气体,待压力表、应变测试仪读数趋于稳定后记录应变值。⑤重复步骤④,调整甲烷气体压力,测试不同压力下的应变值。

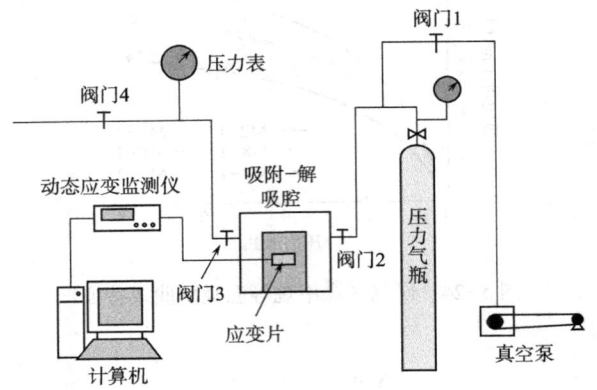

图 5-26 吸附应变测试系统

吸附体积应变参数计算方法:应变片测试所得应变为线应变,吴世跃[203]给出的体应变与线应变关系式为

$$\varepsilon_v = \varepsilon_x + \varepsilon_y + \varepsilon_z \quad (5-2)$$

由于假设煤、页岩储层各向同性,$\varepsilon_x = \varepsilon_y = \varepsilon_z$,则式(5-2)可变为

$$\varepsilon_v = 3\varepsilon_x \quad (5-3)$$

由式(5-2)、式(2-12)得,体积应变参数 ε_1 为

$$\varepsilon_1 = \frac{\varepsilon_v(1+\beta p)}{\beta p} \quad (5-4)$$

试验测试及数据处理结果见表 5-12。

表 5-12 吸附参数测试结果

试样名称	测试压力/MPa	体应变 ε_v	体积应变参数 ε_1
2号煤	3	0.053	0.10
8号煤	3	0.067	0.11
9号煤	3	0.043	0.086
泥页岩	3	0.033	0.05

5.3 煤系气合采产能预测

5.3.1 模型建立及相关参数

以山西某矿 DQ-001 井的 9 号煤层及其顶底板煤系地层为对象进行研究，其地层分布情况如图 5-27 所示。

系	统	组	岩石名称	柱状图	厚度/m	岩性描述
石炭系	上石炭统	太原组	细粒砂岩		2.05	浅灰色，平行层理，中厚层状
			砂质泥岩		3.75	灰黑色，均匀层理，中厚层状，参差状断口
			细粒砂岩		3.15	浅灰色，平行层理，中厚层状
			泥岩		1.16	灰黑色，中厚层状
			9号煤		3.53	以暗淡煤和半暗淡煤为主，暗淡煤黏土矿物较多，属矿化暗煤
			砂质泥岩		5.51	灰黑色，均匀层理，中厚层状，参差状断口
			细粒砂岩		7.65	浅灰色，平行层理，中厚层状

DQ-001钻孔钻探柱状图

图 5-27　DQ-001 井 9 号煤地层结构图

9号煤层厚度为3.53m,煤层中含有0.17m厚夹矸,为方便研究忽略夹矸,顶板泥页岩和砂岩累积厚度为10.11m,共4层,砂岩厚5.2m,泥页岩厚4.91m;底板泥页岩和砂岩累积厚13.16m,共2层,其中泥页岩厚5.51m,砂岩厚7.65m。根据山西某矿DQ-001井地层结构,构建计算模型如图5-28所示。模型大小取长宽为200m×200m,厚度为实际地层厚度26.8m。依据实际地层情况,9号煤层及其顶底板位于同一个压力系统,因此各层初始压力相同,取初始压力$p_0=1.2$MPa。抽采井筒位于模型中部,井筒半径为0.1m,抽采压力为$p_{20}=0.2$MPa。依据5.2节山西某矿地层物性测试结果及相关资料,模拟地层参数见表5-13。

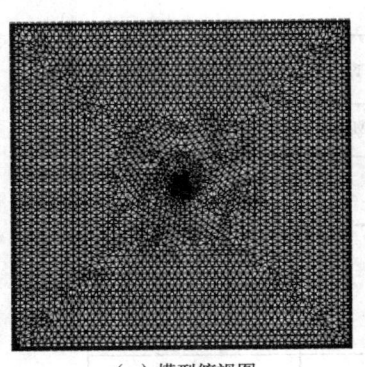

(a)模型俯视图　　　　　　　(b)模型侧视图

图5-28　山西某矿DQ-001井煤系地层数值计算模型

表5-13　数值模拟参数

模拟参数	取值	模拟参数	取值
煤弹性模量 E/MPa	2 911	页岩的初始绝对渗透率 $k_{\infty 0}$/mD	9.3×10^{-3}
煤的泊松比 ν	0.24	砂岩弹性模量 E/MPa	14 026
煤的密度 $\rho_煤$/(kg/m³)	1 350	砂岩的泊松比 ν	0.13
煤的吸附参数 β/(MPa^{-1})	0.33	砂岩的密度 $\rho_砂$/(kg/m³)	2 950
煤的初始孔隙率 φ_0/%	2.8	砂岩的初始孔隙率 φ_0/%	6.45
煤的初始绝对渗透率 $k_{\infty 0}$/mD	1.35×10^{-2}	砂岩的初始绝对渗透率 $k_{\infty 0}$/mD	7.3×10^{-2}
页岩弹性模量 E/MPa	6 550	温度/K	293.15
页岩的泊松比 ν	0.23	甲烷密度 $\rho_{煤系气}$/(kg/m³)	0.717
页岩的密度 $\rho_页$/(kg/m³)	2 660	黏滞系数 μ/(Pa·s)	1.05×10^{-5}
页岩的吸附参数 β/(MPa^{-1})	0.62	大气压力 p_n/MPa	0.1
页岩的初始孔隙率 φ_0/%	1.6	井筒压力 p_{20}/MPa	0.2

根据质量守恒原理,初始含气量=产气量(产能)+剩余含气量。因此本书利用数值模拟得到了煤、泥页岩及砂岩的压力分布,依据压力分布采用各层气含量的计算公式

来计算煤系气抽采井的产能，对于煤、泥页岩层，由于其含有吸附气体，因此其产能计算公式为

$$W = W_{(m,y)}(p_0) - W_{(m,y)}(p) = \varphi_{(m,y)}(p_0)\frac{p_0}{p_n}\rho_n - \varphi_{(m,y)}(p)\frac{p}{p_n}\rho_n$$
$$+ \frac{a_{(m,y)}b_{(m,y)}p_0}{1+b_{(m,y)}p_0}\gamma_{(m,y)}\rho_n - \frac{a_{(m,y)}b_{(m,y)}p}{1+b_{(m,y)}p}\gamma_{(m,y)}\rho_n \tag{5-5}$$

式中：下标 m，y 分别代表煤和泥页岩；$W_m(p_0)$、$W_m(p)$ 分别为压力为 p_0 和 p 时的煤层含气量，γ_m 为煤层容重，页岩同理。

对于砂岩层，无吸附气体，因此，砂岩层产能计算公式为

$$W = W_s(p_0) - W_s(p) = \varphi_s(p_0)\frac{p_0}{p_n}\rho_n - \varphi_s(p)\frac{p}{p_n}\rho_n \tag{5-6}$$

5.3.2 煤系气合采与单一煤层气开采产能预测

为了比较煤系气合采与单一煤层气开采产能的差异，本节分别模拟两种开发方式下的产能。模拟煤系气合采时将各层井筒位置的抽采压力均设置为 $p_{20}=0.2\text{MPa}$；模拟单一开采煤层气时仅将煤层的井筒处设置为 $p_{20}=0.2\text{MPa}$，其他井筒位置设置为无通量，即无气体流出。

图 5-29 为煤系气合采与单一煤层气开采的产能随抽采时间变化的曲线，从图中可以看出，煤系气合采后的产能明显大于单一煤层气开采，开采 30d、60d、90d 和 120d 后煤系气合采的产能比单一煤层气开采分别大 8 624m³、16 667m³、25 443m³ 和 34 146m³。采用合采的方式开采 120d 后，煤系气产能是单一开采煤层气产能的 1.48 倍。通过对比两种不同开发方式下的产能进一步验证了复合储层煤系气采用合采方式的优越性。

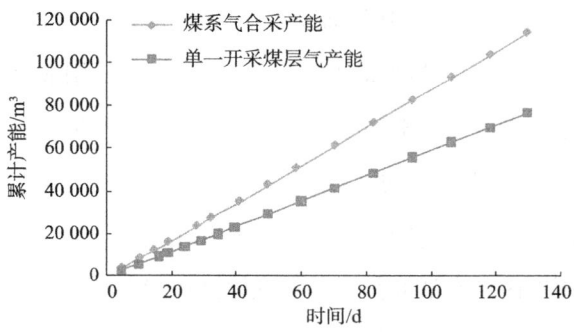

图 5-29 单一开采煤层气与煤系气合采产能随抽采时间变化的曲线

5.3.3 煤系气合采产能预测影响因素分析

由前面的章节分析可知，煤系气在复合储层中的运移受层间窜流、层内动态滑脱流及其耦合作用的影响，因此本节在研究复合储层煤系气合采产能预测的影响因素时也从这几个方面出发，分析其对产能预测的影响。采用控制变量法设计以下模拟方案，分别研究层间窜流、层内滑脱流及其耦合作用对山西某矿复合储层煤系气合采产能预测的影响。研究方案如下。

研究方案1：无层间窜流和层内滑脱流，该方案目的是为和其他研究方案进行对比分析。

研究方案2：仅考虑层内动态滑脱流，不考虑层内窜流。该方案目的是通过与方案1进行比对，得出动态滑脱效应对煤系气合采产能的影响。

研究方案3：仅考虑层间窜流，不考虑层内滑脱流。该方案目的是通过与方案1对比，得出层间窜流对煤系气合采产能的影响。

研究方案4：考虑层间窜流与层内滑脱流耦合作用。该方案目的是通过与方案1、2、3对比，得出层间窜流与层内滑脱流耦合作用对煤系气合采产能的影响。

5.3.3.1 动态滑脱效应对煤系气合采产能预测的影响

图5-30为考虑与不考虑动态滑脱效应的产能预测值随抽采时间变化的曲线。

从图5-30(a)、5-30(e)和5-30(g)中可以看出，砂岩层考虑动态滑脱效应的产能预测值小于不考虑动态滑脱效应时的产能预测值，抽采时间越长两者差异越大。抽采130d后，底板砂岩考虑动态滑脱效应后的产能比不考虑时增加了2 767m^3，顶板砂岩1虑动态滑脱效应后的产能比不考虑时增加了1 055m^3，顶板砂岩2考虑动态滑脱效应后的产能比不考虑时增加了687m^3。其机理为：砂岩层滑脱系数的变化仅受有效应力影响，随抽采时间的增加，砂岩层储层压力降低，孔隙率减小，滑脱系数增大，考虑动态滑脱效应的滑脱系数大于不考虑动态滑脱效应时的滑脱系数，气体渗透率也大于不考虑动态滑脱效应时的气体渗透率，因此砂岩层考虑动态滑脱效应的产能预测值小于不考虑动态滑脱效应时的产能预测值；在抽采初期砂岩层的压力下降幅度不大，滑脱系数变化对渗透率的影响较小，考虑与不考虑动态滑脱效应的产能预测值差异较小，但随着抽采时间的增加，砂岩层储层压力下降较大，其动态滑脱效应对砂岩层气体渗透率的影响也越来越大，因此抽采时间越长，考虑与不考虑动态滑脱效应的产能预测值的差异越大。

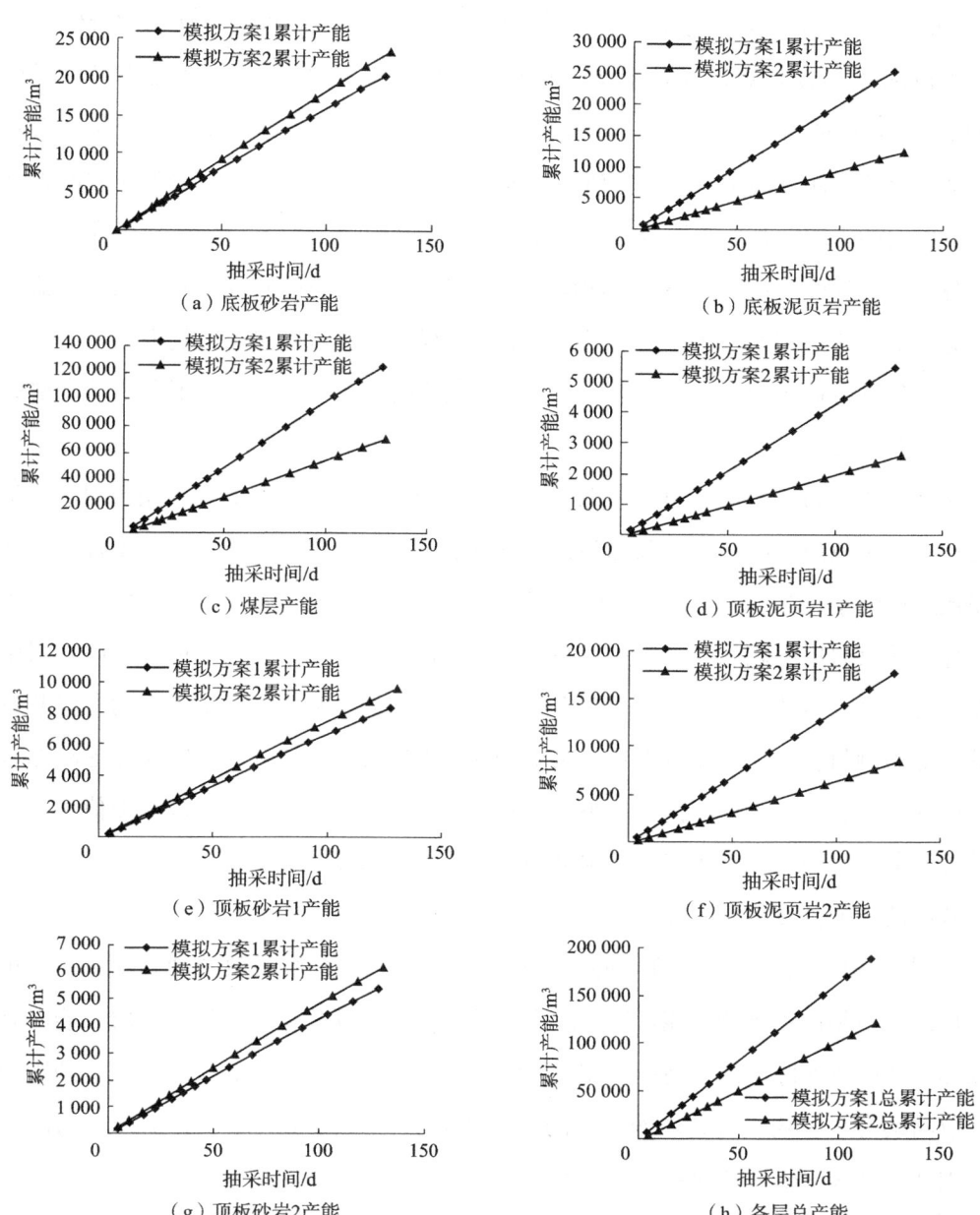

图 5-30 考虑与不考虑动态滑脱效应的产能预测对比

从图 5-30(b)、5-30(c)、5-30(d)、5-30(f)中可以看出，煤、泥页岩层考虑动态滑脱效应的产能预测值小于不考虑时的产能预测值，时间越长两者差异越大。抽采130d后，底板泥页岩考虑动态滑脱效应的产能预测值比不考虑动态滑脱效应时减小了14 356m³，顶板泥页岩1考虑动态滑脱效应的产能预测值比不考虑动态滑脱效应时减小了 2 936m³，顶板泥页岩 2 考虑动态滑脱效应的产能预测值比不考虑动态滑脱效应时减小了 9 493m³，煤层考虑动态滑脱效应的产能预测值比不考虑动态滑脱效应时减小了 56 213m³。其机理为：煤、泥页岩滑脱系数变化与砂岩不同，其滑脱系数变化受有效应力和基质收缩量两方面影响，并且研究区煤、泥页岩基质收缩效应对滑脱系数的影响大于有效应力的影响，基质收缩效应使得煤、泥页岩孔隙率增大，滑脱系数增大，考虑动态滑脱系数时气体渗透率减小，因此煤、泥页岩层考虑动态滑脱效应的产能预测值小于不考虑时的产能预测值；随着抽采时间的增加，煤、泥页岩储层压力越来越小，动态滑脱系数对气体渗透率的影响也越来越大，因此抽采时间越长，考虑与不考虑动态滑脱效应的产能预测值差异越大。

从图 5-30(h) 中可以看出，考虑动态滑脱效应后煤系气各层的总产能预测值小于不考虑动态滑脱效应时的总产能预测值，时间越长两者差异越大。抽采 130d 后考虑动态滑脱效应后煤系气各层中产能预测值比不考虑动态滑脱效应时减少了 78 845m³。其机理为：煤、泥页岩层中煤系气不仅包括游离气还包括吸附气，其含气量远大于砂岩层中仅存在的游离气，虽然考虑动态滑脱效应后砂岩层的产能预测值大于不考虑动态滑脱效应时的产能预测值，但煤、泥页岩层的减小幅度大于砂岩层增加幅度，因此考虑动态滑脱效应后煤系气各层的总产能预测值小于不考虑动态滑脱效应时的总产能预测值；抽采时间越长，动态滑脱效应对各层产能预测的影响越大，因此时间越长，考虑与不考虑动态滑脱效应的产能预测值差异越大。

从图 5-30 中可以看出，在实际生产过程中，若忽略滑脱系数的动态变化，在预测砂岩层产能时易出现预测产能低于实际产能的情况；在预测煤层和泥页岩层产能时易出现预测产能高于实际产能的情况。储层越致密、渗透率越低，滑脱效应对产能的影响越大，忽略动态滑脱效应后其产能预测的误差也越大，或高或低都不利于产能的准确预测。因此，在预测低渗透煤系气储层产能时滑脱系数的动态变化不可忽略。

5.3.3.2 层间窜流对煤系气产能的影响及产能预测

图 5-31 为考虑与不考虑层间窜流的产能预测值随抽采时间变化的曲线。

从图 5-31(a)、5-31(e) 和 5-31(g) 中可以看出砂岩层考虑层间窜流后的产能预测值大于不考虑时的产能预测值，抽采时间越长两者差异越大。抽采 130d 后，底板砂岩层考虑层间窜流的产能预测值比不考虑层间窜流时增加了 7 762m³，顶板砂岩 1 考虑层间窜流的产能预测值比不考虑层间窜流时增加了 3 244m³，顶板砂岩 2 考虑层间窜流的产能预测值比不考虑层间窜流时增加了 2 081m³。其机理为：在砂岩层远井筒区域，砂岩层渗透率大于相邻泥页岩层渗透率，煤系气由泥页岩层向砂岩层窜流，砂岩层压力下降相对较慢，在近井筒处泥页岩渗透率大于砂岩层，煤系气由砂岩层向泥页岩层窜流，近井筒和远井筒煤系气的两个异向窜流增大了砂岩层层内压差，使得砂岩层层内流动能力增强，进而使得砂岩层产能增大，因此砂岩层考虑层间窜流后的产能预测值大于不考虑层间窜流时的产能预测值；随抽采时间的增加，压力降低幅度越来越大，层间窜流使得砂岩层层内压差也越来越大，因此砂岩层抽采时间越长，考虑与不考虑层间窜流的差异越大。

从图 5-31(b)、5-31(d) 和 5-31(f) 泥页岩累计产气量曲线可以看出，泥页岩层考虑层间窜流后的产能预测值大于不考虑层间窜流时的产能预测值，抽采时间越长两者差异越大。抽采 130d 后底板泥页岩考虑层间窜流后的产能预测值比不考虑层间窜流时增加了 1 952m³，顶板泥页岩 1 考虑层间窜流后的产能预测值比不考虑层间窜流时增加了 515m³，顶板泥页岩 2 考虑层间窜流后的产能预测值比不考虑层间窜流时增加了 1 516m³。其机理为：山西某矿煤系气储层中泥页岩层初始渗透率最小，煤系气由页岩层向煤层和砂岩层窜流，泥页岩的储层压力下降幅度增加，产能预测值增大，虽然在近井筒区域泥页岩层渗透率大于砂岩层渗透率，煤系气由砂岩向泥页岩窜流，但在近井筒区域其储层压力较小，层间压差较小，近井筒区域由砂岩层向泥页岩层窜流流量远小于远井筒区域由泥页岩向煤层和砂岩层窜流流量，因此泥页岩层考虑层间窜流后的产能预测值大于不考虑层间窜流时的产能预测值。

从图 5-31(c) 中可以看出，煤层考虑层间窜流后产能预测值小于不考虑层间窜流时的产能预测值，抽采时间越长两者差异越大。抽采 130d 后煤层考虑层间窜流时的产能预测值比不考虑时减小了 35 210m³。其机理为：考虑层间窜流后煤层累计产气量减小，且随着时间的增加两者差异越来越大，抽采 130d 后考虑层间窜流时煤层累计产气量比不考虑层间窜流时煤层累计产气量减小 35 210m³。这是因为山西某矿煤系地层中，与煤层相邻两层为泥页岩层，泥页岩渗透率小于煤层，导致煤系气由泥页岩向煤层窜流，层间窜流使得煤层的储层压力下降幅度较小，因此煤层考虑层间窜流后产能预测值小于不考虑层间窜流时的产能预测值。

从图 5-31(h) 中可以看出，考虑层间窜流后煤系气总产能预测值小于不考虑层间窜流时的总产能预测值，且随时间的增大，两者差异越来越大。抽采 130d 后考虑层间窜流后煤系气的总产能比不考虑层间窜流时减小了 18 919m³。其机理为：考虑层间窜流后煤层的产能预测值减小，虽然泥页岩层和砂岩层的产能预测值增大，但煤层含气量较高，其减小量大于泥页岩与砂岩层累计增大量，因此考虑层间窜流后煤系气总产能预测值小于不考虑层间窜流时的总产能预测值。

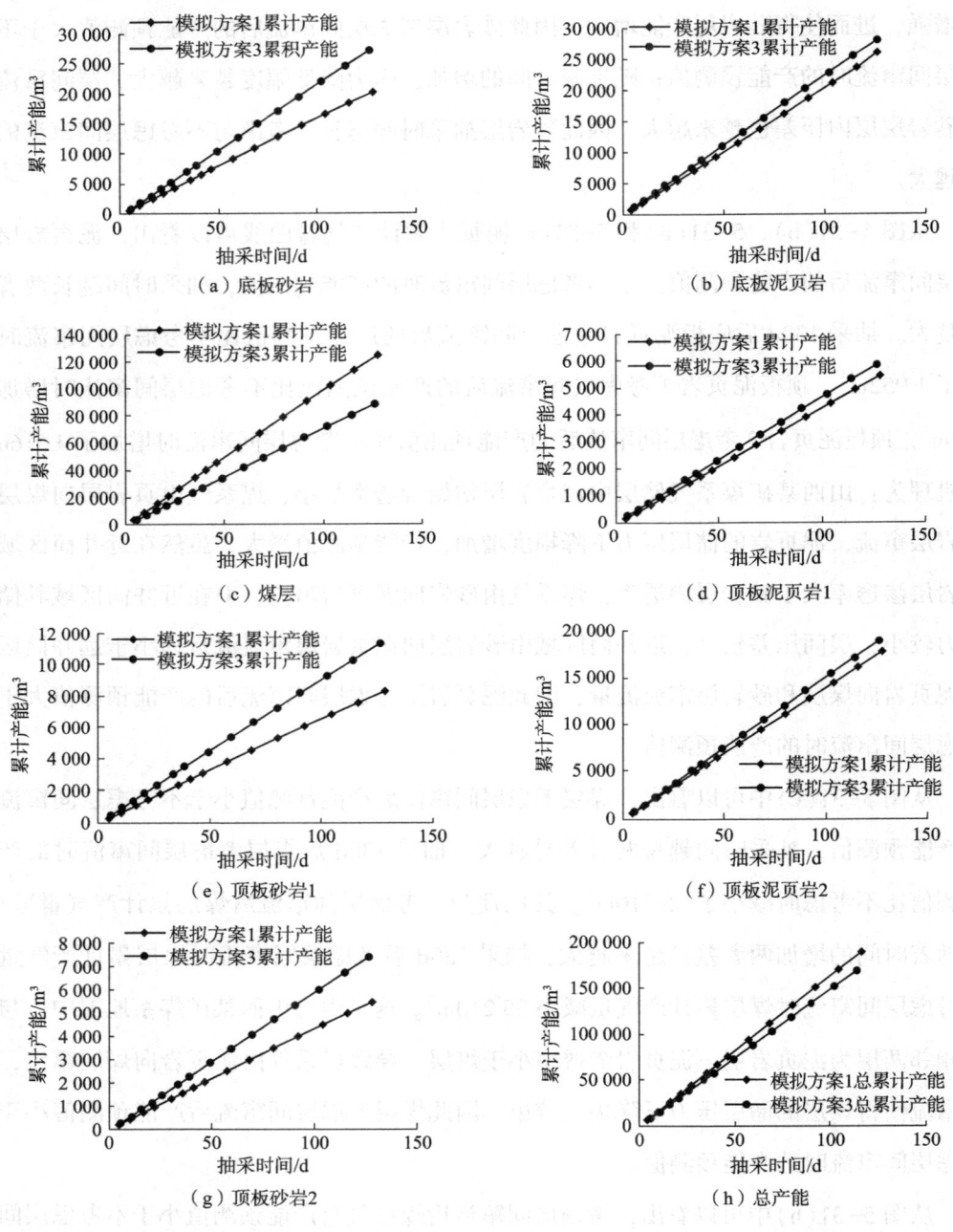

图 5-31　考虑与不考虑层间窜流的各层产能预测值随抽采时间变化的曲线

从图5-31中可以看出，层间窜流对不同层产能预测的影响不同，对泥页岩层和砂岩层而言，层间窜流使其产能预测值增大，对煤层而言，层间窜流使得其产能预测值减小。对于广泛发育的煤系复合储层，煤层、泥页岩层与砂岩层往往直接接触，在开采其中一层或合采时均会产生层间窜流，若不考虑邻近层煤系气的窜流往往会造成产能预测不准确，尤其是长时间开采后，不考虑层间窜流预测的产能与实际产能差异将会越来越大，高估或低估煤系气产能都会影响煤系气高效合理的开发。

5.3.3.3 耦合作用对煤系气合采产能的影响及产能预测

图5-32为考虑层间窜流与层内滑脱流耦合作用、仅考虑动态滑脱流、仅考虑层间窜流时的产能预测值随抽采时间变化的曲线。

从图5-32(a)、5-32(e)和5-32(g)中可以看出，考虑耦合作用后砂岩层的产能预测值最小，其小于仅考虑层内动态滑脱流和仅考虑层间窜流的产能预测值，并且随抽采时间的增加差异越来越大。抽采130d后考虑耦合作用后底板砂岩的产能预测值比仅考虑动态滑脱效应时减小 5 928m³，比仅考虑层间窜流时减小 10 823m³；顶板砂岩1考虑耦合作用后的产能预测值比仅考虑动态滑脱效应时减小 2 519m³，比仅考虑层间窜流时减小 4 078m³；顶板砂岩2考虑耦合作用后的产能预测值比仅考虑动态滑脱效应时减小 1 659m³，比仅考虑层间窜流时减小 3 053m³。其机理为：考虑耦合作用后，动态滑脱流和层间窜流耦合影响，动态滑脱效应使得砂岩层渗透率增大，在远井筒区域由泥页岩层向砂岩层窜流流量增加，近井筒区域砂岩层向泥页岩层窜流流量减小，远井筒区域压力下降幅度增加，近井筒区域压力下降幅度增加，进而使得砂岩层层内压差减小，层内流动减弱，因此考虑耦合作用后砂岩层的产能预测值最小。

从图5-32(b)、5-32(d)和5-32(f)中可以看出，泥页岩考虑耦合作用后的产能预测值介于仅考虑层内动态滑脱流和仅考虑层间窜流的产能预测值之间。抽采130d后底板泥页岩考虑耦合作用后的产能预测值比仅考虑动态滑脱效应时增加 4 596m³，比仅考虑层间窜流时减少 11 721m³；顶板泥页岩1考虑耦合作用后的产能预测值比仅考虑动态滑脱效应时增加 969m³，比仅考虑层间窜流时减少 2 482m³；顶板泥页岩2考虑耦合作用后的产能预测值比仅考虑动态滑脱效应时增加 3 036m³，比仅考虑层间窜流时减少 7 972m³。其机理为：泥页岩层滑脱系数受有效应力和基质收缩两方面的影响，基质收缩对滑脱系数的变化起主导作用，考虑动态滑脱效应后，泥页岩层滑脱系数减小，气体渗透率降低，因此考虑耦合作用后泥页岩层的产能预测值小于仅考虑层间窜流时的产能预测值；由于山西某矿地层物性特征，与泥页岩层相邻的煤层、砂岩层渗透率均大于泥页岩层，煤系气由泥页岩层向煤层和砂岩层窜流，虽然在近井筒区域泥页岩层渗透率大于砂岩层渗透率，煤系气由泥页岩层向砂岩层窜流，但由于近井筒区域压力较小，其层间压力差异小，近井筒区域由砂岩层窜流入煤层的煤系气远小于远井筒区域由泥页岩流入砂岩的煤系气，因此考虑耦合作用后泥页岩层产能预测值大于仅考虑层内动态滑脱流时的产能预测值。

从图5-32(c)可以看出煤层考虑耦合作用后的产能预测值最小，其小于仅考虑动态滑脱效应和仅考虑层间窜流时的产能预测值，并且随抽采时间的增加，差异越来越大。抽采130d后煤层考虑耦合作用后的产能预测值比仅考虑动态滑脱效应时减小17 044m³，比仅考虑层间窜流时减小38 047m³。其机理为：煤层滑脱系数变化与泥页岩层滑脱系数变化类似，考虑动态滑脱效应后，煤层滑脱系数减小，气体渗透率减小，因此煤层考虑耦合作用后的产能预测值小于仅考虑层间窜流时的产能预测值；煤层与泥页岩层相邻，煤层渗透率大于泥页岩层，煤系气由泥页岩层向煤层窜流，使得其压力下降幅度较小，因此煤层考虑耦合作用后的产能预测值小于仅考虑动态滑脱流时的产能预测值。

从图5-32(h)中可以看出考虑耦合作用后的产能预测值小于仅考虑层间窜流和仅考虑层内动态滑脱流时的产能预测值。抽采130d后，考虑耦合作用后的产能预测值比仅考虑动态滑脱效应时产能预测值减小了18 938m³，比仅考虑层间窜流时的产能预测值减小了78 864m³。其机理为：考虑耦合作用后砂岩、煤层的产能预测值小于仅考虑层内动态滑脱流和仅考虑层间窜流的产能预测值，虽然泥页岩层考虑耦合作用后的产能预测值大于仅考虑层内动态滑脱流的产能预测值，但煤层与砂岩层产能预测值的减小量之和大于泥页岩层的增加量，因此考虑耦合作用后的产能预测值小于仅考虑层间窜流和仅考虑层内动态滑脱流时的产能预测值。

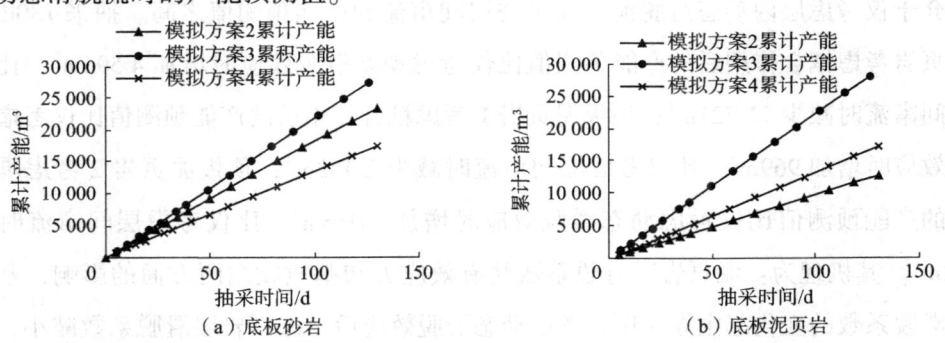

图5-32 考虑耦合作用、仅考虑层内动态滑脱流和仅考虑层间窜流的产能预测值随抽采时间变化的曲线

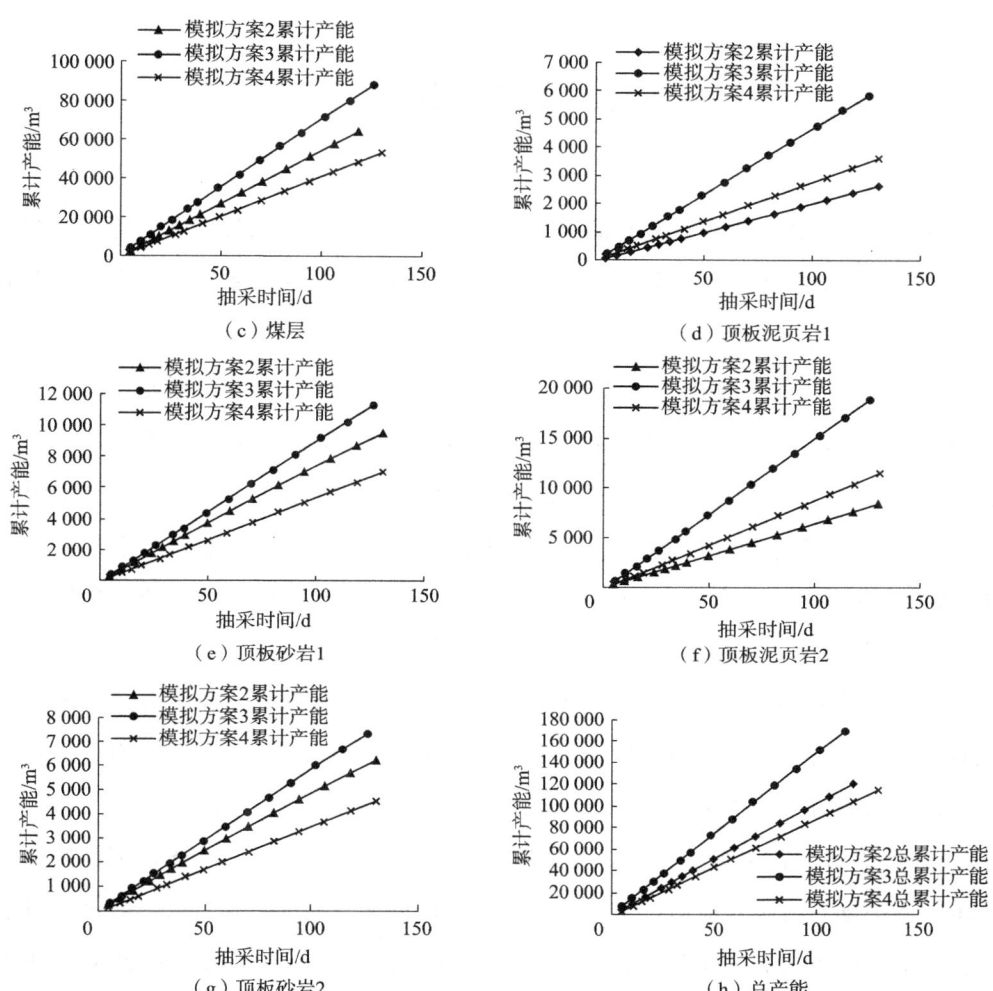

图 5-32 考虑耦合作用、仅考虑层内动态滑脱流和仅考虑层间窜流的产能预测值
随抽采时间变化的曲线（续）

从图 5-32 中可以看出，在煤系气合采时，动态滑脱效应和层间窜流并非简单的线性叠加，而是两者相互影响，耦合作用。若在实际生产过程中，单一考虑层间窜流、单一考虑动态滑脱效应或将两者线性叠加会使得煤系气产能预测不准确，影响煤系气高效合理的开发。

5.4 本章小结

本章以山西某矿实际煤系复合储层为例，对单一开采煤层气与煤系气合采时的产能进行了预测，并分析了动态滑脱流、层间窜流及其耦合作用对煤系气合采产能预测的影响。具体研究结论如下：

① 以气测录井资料为基础，对山西某矿煤系复合储层类型进行划分。研究结果显示：山西某矿煤系气气藏组合类型可分为独立煤层气、独立页岩气、煤层气-页岩气、煤层气-砂岩气、页岩气-砂岩气、煤层气-页岩气-砂岩气组合气藏6类。气藏组合以煤层气-页岩气组合为主，占54.68%；其次为煤层气-页岩气-砂岩气组合，占29.07%；独立页岩气组合占7.74%；页岩气-砂岩气组合占6.77%；独立煤层气和煤层气-砂岩气组合所占比例较小，分别为1.06%和0.68%。

② 对山西某矿煤系复合储层采用合采和单一开采煤层气两种开发方式下的产能进行预测。研究发现：对于山西某矿煤系复合储层采用多层合采的方式可以有效地提高产能，采用合采的方式开采120d后，产能是单一开采煤层气产能的1.48倍。

③ 分析了动态滑脱流、层间窜流及其耦合作用对煤系气合采产能预测的影响。结果显示：考虑动态滑脱效应后砂岩层的产能预测值增大，而煤、泥页岩层的产能预测值减小；考虑层间窜流后砂岩层、泥页岩层的产能预测值增大，而煤层的产能预测值减小；考虑耦合作用后砂岩层的产能预测值减小，煤层和泥页岩层的产能预测值相对于仅考虑层内动态滑脱流时增大，而相对于仅考虑层间窜流时减小，考虑耦合作用后山西某矿复合储层煤系气合采的总产能预测值有所减小。在复合储层煤系气合采产能预测时，若忽略动态滑脱流与层间窜流的耦合作用的影响，易出现产能预测值偏高的情况，影响煤系气的高效开发，造成不必要的损失。

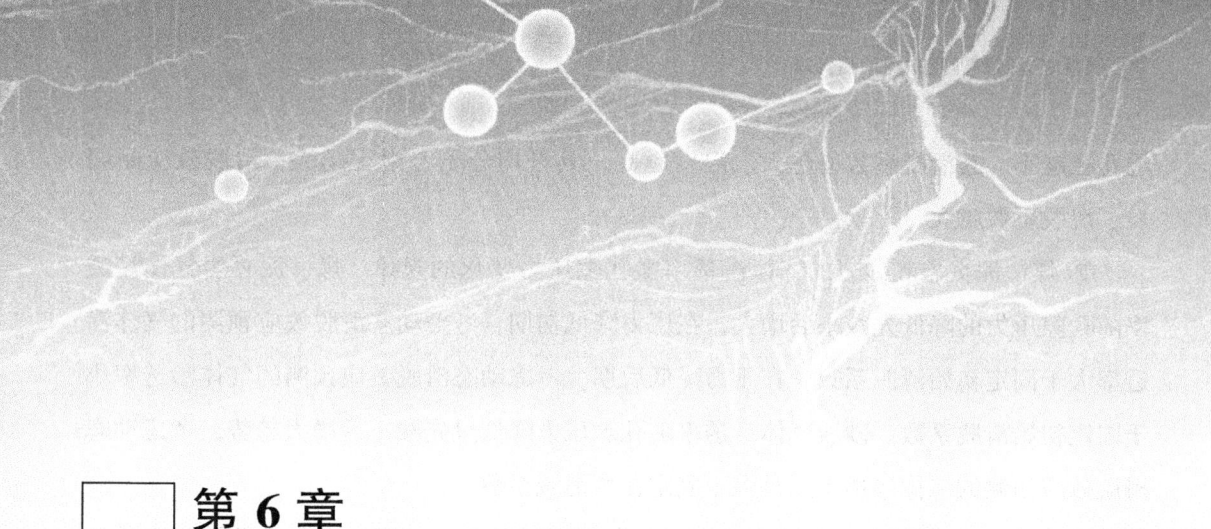

第 6 章

结论与展望

6.1 结 论

针对我国煤系气储层的特点和目前煤系气运移机理及规律的研究偏重于单一储层、忽视复合储层，导致煤系气合采时产能预测不准确的问题，考虑到煤系复合储层渗透率低，其滑脱效应影响显著，以及煤系气合采时受层间窜流与层内动态滑脱流耦合作用影响的特点，本书对煤系气复合储层合采时滑脱效应的动态演化机理、层间窜流与层内动态滑脱流的耦合作用机理、储层压力分布规律及产能预测进行理论分析和数值模拟研究，取得了一定成果，但仍存在一些亟待解决的问题。得出的主要结论和需要进一步研究的问题（展望）总结如下。

① 滑脱系数随孔隙压力、初始渗透率和温度的变化规律。在煤系气抽采过程中，随孔隙压力的降低，滑脱系数呈先增大后减小的变化趋势；在孔隙压力相同时，滑脱系数随渗透率的减小呈指数形式增大，随温度的升高呈线性增大。其机理为孔隙变形受有效应力和基质收缩两方面影响，在孔隙压力降低初期，有效应力引起的孔隙变形大于基质收缩引起的孔隙变形，孔隙半径减小，滑脱系数增大；在孔隙压力降低后期，有效应力引起的孔隙变形小于基质收缩，孔隙半径增大，滑脱系数减小。渗透率越小，储层平

均孔径越小,其滑脱系数值越大。温度越高,其平均分子自由程越大,滑脱效应越明显,滑脱系数越大。

② 煤、泥页岩和砂岩的气体渗透率随孔隙压力变化的规律。煤、泥页岩气体渗透率随孔隙压力的降低先减小后增大,在压力降低初期,考虑动态滑脱效应预测的气体渗透率大于固定初始滑脱系数,在压力降低后期,考虑动态滑脱效应预测的气体渗透率小于固定初始滑脱系数。砂岩气体渗透率随孔隙压力降低呈先减小后增大趋势,考虑动态滑脱效应预测的气体渗透率总是大于固定初始滑脱系数。

③ 层间窜流、层内动态滑脱流及其耦合作用对煤系气合采压力分布的影响及其随抽采时间、初始渗透率和层间渗透率比的演化规律。具体为:

a. 动态滑脱流对煤系气合采压力分布的影响。

煤、页岩层考虑与不考虑动态滑脱效应的压降范围差随抽采时间的增加先减小后增大。砂岩层考虑动态滑脱效应的压降范围大于不考虑时的压降范围,考虑与不考虑动态滑脱效应的压降范围差随抽采时间的增加而增大。煤、页岩和砂岩层考虑与不考虑动态滑脱效应的压降范围差异率随初始渗透率的减小而增大。

b. 层间窜流对煤系气合采压力分布的影响。

对于煤-页岩复合储层,煤层的压降范围比不考虑层间窜流时减小,页岩层的压降范围比不考虑层间窜流时增大,随抽采时间的增加,二者的压降范围差增大;煤层、页岩层考虑与不考虑层间窜流的压降范围差异率随层间渗透率比的增加而增大,但增大幅度趋于平缓。

对于煤-砂岩复合储层,煤层的压降范围比不考虑层间窜流时增大,砂岩层的压降范围比不考虑层间窜流时减小,随抽采时间的增加,二者的压降范围差增大;煤层、砂岩层考虑与不考虑层间窜流的压降范围差异率随层间渗透率比的增加而增大,但增大幅度趋于平缓。

c. 层间窜流与层内动态滑脱流耦合作用对煤系气合采压力分布的影响及变化规律。

对于煤-页岩复合储层,煤层、页岩层考虑耦合作用和线性叠加的压降范围差均随抽采时间的增加先减小后增大;煤层耦合作用与线性叠加的压降范围差异率差随层间渗透率比的增加而减小,页岩层耦合作用与线性叠加的压降范围差异率的差随层间渗透率比的增加先减小后增大。

对于煤-砂岩复合储层,煤层、砂岩层耦合作用和线性叠加的压降范围差均随抽采时间的增加而增大；煤层耦合作用和线性叠加的压降范围差异率差随层间渗透率比的增加而减小，砂岩层耦合作用和线性叠加的压降范围差异率差随层间渗透率比的增加而增大。

d. 以山西某矿气测录井资料为基础，对山西某矿煤系复合储层类型进行划分。结果显示：山西某矿煤系气气藏组合类型可分为独立煤层气、独立页岩气、煤层气-页岩气、煤层气-砂岩气、页岩气-砂岩气、煤层气-页岩气-砂岩气组合气藏 6 类。气藏组合以煤层气-页岩气组合为主，占 54.68%；其次为煤层气-页岩气-砂岩气组合，占 29.07%；独立页岩气组合占 7.74%；页岩气-砂岩气组合占 6.77%；独立煤层气和煤层气-砂岩气组合所占比例较小，分别为 1.06% 和 0.68%。

e. 对山西某矿煤系复合储层采用合采和单一开采煤层气两种开发方式下的产能进行预测。研究发现：对于山西某矿煤系复合储层采用多层合采的方式可以有效地提高产能，采用合采的方式开采 120d 后，产能是单一开采煤层气产能的 1.48 倍。

f. 动态滑脱流、层间窜流及其耦合作用对山西某矿煤系气合采产能预测的影响。

砂岩层考虑动态滑脱效应后的产能预测值较不考虑时增大，而煤、泥页岩层的产能预测值减小；砂岩层、泥页岩层考虑层间窜流后的产能预测值较不考虑时增大，而煤层的产能预测值减小；砂岩层考虑耦合作用后的产能预测值较不考虑时减小，煤层和泥页岩层考虑耦合作用后的产能预测值相对仅考虑层内动态滑脱流时增大，而相对于仅考虑层间窜流时减小，考虑耦合作用后山西某矿复合储层煤系气合采的总产能预测值较不考虑时减小。在复合储层煤系气合采产能预测时，若忽略动态滑脱流与层间窜流的耦合作用的影响，易出现实际产能低于预测值产能的现象，影响煤系气的高效开发，造成不必要的损失。

6.2 展　望

本书主要研究煤系气在复合储层中的运移机理及规律，建立了考虑层间窜流与层内动态滑脱流耦合作用的煤系气运移模型。研究成果为复合储层煤系气合采及产能预测提供了理论依据，对复合储层煤系气合采具有一定的指导意义。然而，由于本书研究对象仅针对于煤、页岩和砂岩直接接触型储层，具有一定的局限性。另外，本研究属于煤系气合采基础理论的初步研究，建立的复合储层煤系气运移模型仅考虑了对煤系气运移影响较大的层间窜流和层内动态滑脱流两个方面，在实际生产过程中煤系气的运移还存在其他很多影响因素，需要进一步全面准确地考虑各因素的影响，使得复合储层煤系气运移模型更为符合实际，产能预测更为准确，为推广煤系气实现精细化管理奠定基础。为此，在今后的工作中需要开展更为广泛和深入的研究，概括如下：

① 针对煤、页岩和砂岩非直接接触型储层的运移机理及运移模型进行深入研究，建立相应的数学模型，健全煤系气合采运移模型，形成一整套的适应任意煤系气储层的煤系气合采运移模型。

② 进一步考虑其他因素对煤系气运移的影响，如表皮效应、渗透率变化的时间效应等，使复合煤系气运移模型更加符合实际生产，产能预测更为准确。

③ 随着煤系/层气开采技术与理论的进步，煤系/层气开发势必由粗犷型向精细化转变，煤系/层气开采时各参数的动态演化规律变得尤为重要。本书仅研究了滑脱系数、气体渗透率的动态演化模型及规律，在今后的研究中应进一步深入研究其他相关参数的动态演化规律，为煤系/层气精细化开发提供理论支撑。

参考文献

[1] 申建,张春杰,秦勇,等.鄂尔多斯盆地临兴地区煤系砂岩气与煤层气共采影响因素和参数门限[J].天然气地球科学,2017,28(3):479-487.

[2] 梁冰,石迎爽,孙维吉,等.中国煤系"三气"成藏特征及共采可能性[J].煤炭学报,2016,41(1):167-173.

[3] 李五忠,孙斌,孙钦平,等.以煤系天然气开发促进中国煤层气发展的对策分析[J].煤炭学报,2016,41(1):67-71.

[4] 周军平,鲜学福,姜永东,等.考虑有效应力和煤基质收缩效应的渗透率模型[J].西南石油大学学报(自然科学版),2009,31(1):4-8.

[5] 薛培,王延斌,王晋,等.考虑滑脱效应的欠饱和煤储层渗透率模型[J].科技导报,2014,32(27):56-59.

[6] 艾池,栗爽,李净然,等.煤岩储层渗透率动态变化模型[J].特种油气藏,2013,20(1):71-73.

[7] 李勇,孟尚志,吴鹏,等.煤层气成藏机理及气藏类型划分——以鄂尔多斯盆地东缘为例[J].天然气工业,2017,37(8).

[8] 商永涛.煤层气渗流机理及产能评价研究[D].北京:中国石油大学,2008.

[9] 周枫.沁水盆地煤层气储层岩石物理及物理模拟研究[D].南京:南京大学,2014.

[10] Smith J W, Pallasser R J. Micro bial origin of Australian coal bed methane[J]. AAPG Bulletin,1996,80:891-897.

[11] Ko tarba M. Geochemical criteria for the origin of natural gases accumulated in the Upper Carboniferous coal seam bearing formation in Walbrzych Coal Basin[J]. Stanislaw Staszic University of Mining and Metallurgy Scientific Bulletin 1199,Geo logy,1988,42:1-119.

[12] Kotarba M. Compo sition and origin of coalbed gases in the Upper Silesian and Lublin basins,Poland[J]. Organic Geochemistry,2001,32:163-180.

[13] 蒋必辞. 基于 LS-SVM 的煤层含气量预测及软件开发[J]. 国外测井技术,2017(01):19-24.

[14] 虞绍永,姚军. 非常规气藏工程方法[M]. 北京:石油工业出版社. 2013.

[15] 钱凯,越庆波,汪泽成,等. 煤层甲烷气勘探开发理论与实验测试技术[M]. 北京:石油工业出版社,1996.

[16] 袁政文. 煤层气藏类型及高产富集因素[J]. 段块油气田,1997,4(2):9-12.

[17] 赵庆波,李五忠,孙粉锦. 中国煤层气分布特征及高产富集因素[J]. 石油学报,1997,18(4):1-6.

[18] 宋岩,戴金星,戴春森,等. 我国大中型气田主要成藏模式及其分布规律[J]. 中国科学(D 辑),1996,26(6):499-503.

[19] 黄籍中. 从页岩气展望烃源岩气——以四川盆地下二叠统为例[J]. 天然气工业,2012,32(11):4-9.

[20] Montgomery S L,Jarvie D M,Bowker K A,et al. Mississipian Barnett Shale,FortWorth basin,north-central Texas,Gas-shale play with multi-trillion cubic foot potential[J]. AAPGBulletin,2005,89(2):155-175.

[21] Jarvie D M,Hill R J,Ruble T E,et al. Unconventional shale-gas systems:The Mississippian Barnett Shale of north-central Texas as one mondel for thermogenic shale-gas assessment[J]. AAPG Bulletin,2007,91(4):475-499.

[22] Curtis M E,Sondergeld C H,Ambrose R J,et al. Microstructural investigation of gas shales in two and three dimensions using nanometer-scale resolution imaging[J]. AAPG Bulletin,2012,96(4):665-667.

[23] 杨正明,姜汉桥,李树铁,等. 低渗气藏微观孔隙结构特征参数研究——以苏里格和迪那低渗气藏为例[J]. 石油天然气学报,2007,29(6):108-110.

[24] 汤庆艳,张铭杰,余明,等. 页岩气形成机制的生烃热模拟研究[J]. 煤炭学报,2013,38(5):742-747.

[25] 温海龙.四川地区海相页岩等温吸附解吸特性研究[D].北京:中国石油大学,2016.

[26] 丁文龙,李超,李春燕,等.页岩裂缝发育主控因素及其对含气性的影响[J].地学前缘,2012,19(2).

[27] 张金川,林腊梅,李玉喜,等.页岩油分类与评价[J].地学前缘,2012,19(5):322-331.

[28] 聂海宽,张金川.页岩气储层类型和特征研究——以四川盆地及其周缘下古生界为例[J].石油实验地质,33(3).

[29] 李登华,李建忠,王社教,等.页岩气藏形成条件分析[J].天然气工业,2009(5):22-26.

[30] 邹才能,朱如凯,吴松涛,等.常规与非常规油气聚集类型、特征、机理及展望——以中国致密油和致密气为例[J].石油学报,2012,33(2):173-187.

[31] 邹才能,董大忠,杨桦,等.中国页岩气形成条件及勘探实践[J].天然气工业,2011,31(12):26-39.

[32] 张庄,史洪亮,杨克明,等.试论致密砂岩气藏中的夹层控气作用——以川西大邑须家河组气藏为例[J].天然气地球科学,2016,23(3):493-500.

[33] 宋南希,罗明高,周俊骅,等.致密砂岩储层物性测试合理平衡时间探讨[J].地质论评,2017(s1):263-264.

[34] 贾亚宁.低渗致密储层油水渗流特征实验研究[D].西安:西安石油大学,2017.

[35] 宫秀梅,曾溅辉,邱楠生.潍北凹陷深层致密砂岩气成藏特征[J].天然气工业,2005,25(6):7-10.

[36] 刘占国,斯春松,寿建峰,等.四川盆地川中地区中下侏罗统砂岩储层异常致密成因机理[J].沉积学报,2011,29(4):744-751.

[37] 刘爱永,陈刚,刘林玉.吐哈盆地三叠系砂岩的孔隙类型及次生孔隙形成机理探讨[J].石油实验地质,2002,24(4):345-347.

[38] 张晓莉.鄂尔多斯盆地中部上古生界砂岩气层沉积体系类型及特征[J].油气地质与采收率,2005,12(4):43-45.

[39] 姜福杰,庞雄奇,姜振学,等.致密砂岩气藏成藏过程的物理模拟实验[J].地质论评,2007,53(6):844-849.

[40] 姜福杰,庞雄奇,武丽.致密砂岩气藏成藏过程中的地质门限及其控气机理[J].石油学报,2010,31(1):49-54.

[41] Masters J A. Deep basin gas trap,western Canada[J]. AAPG,1979,63(2):152-181.

[42] Brown C A,Crafton J W,Golson J G. The Niobrara gas play; exploration and development of a low-pressure,low-permeability gas reservoir[J]. Journal of Petroleum Technology, AAPG,1982,34(12):2863-2870.

[43] 姜振学,林世国,庞雄奇,等.两种类型致密砂岩气藏对比[J].石油实验地质,2006, 28(3):210-214.

[44] 姜振学,林世国,庞雄奇.小草湖地区西三窑组致密砂岩气藏类型判识[J].天然气工业,2006,26(9):4-7.

[45] 董晓霞,梅廉夫,全永旺.致密砂岩气藏的类型和勘探前景[J].天然气地球科学, 2008,18(3):351-355.

[46] 唐海发,彭仕宓,赵彦超.致密砂岩气藏储层流动单元划分方法及随机模拟[J].吉林大学学报(地球科学版),2007,37(3):469-474.

[47] 万玉金.美国致密砂岩气藏地质特征与开发技术[M].北京:石油工业出版社,2013.

[48] Law B E. Geologic characterization of low-permeability gas reservoirs in selected wells, Greater Green River Basin,Wyoming,Colorado,and Utah[A]. AAPG Studies in Geology,1986,253-269.

[49] 张哨楠.致密天然气砂岩储层:成因与讨论[J].石油与天然气地质,2008,29(1): 1-10.

[50] 张国生,赵文智,杨涛,等.我国致密砂岩气资源潜力、分布与未来发展地位[J].中国工程科学,2012,14(6):87-93.

[51] 李建忠,郭彬程,郑民,等.中国致密砂岩气主要类型、地质特征与资源潜力[J].天然气地球科学,2012,23(4):607-615.

[52] Davis J S. Modeling gas migration,distribution,and saturation in a structurally and petrologically evolving tight gas reservoir[R]. Bangkok,Thailand: International Petroleum Technology Conference,2011.

[53] 戴金星,倪云燕,吴小奇.中国致密砂岩气及在勘探开发上的重要意义[J].石油勘探与开发,2012,39(3):257-265.

[54] 李昂,丁文龙,何建华,等.致密砂岩气成藏机制类型及特征研究[J].吉林地质,2014,33(2):8-12.

[55] 随峰堂,窦新钊.两淮煤田煤系非常规天然气的系统研究及其意义[C]//中国煤炭学会矿井地质专业委员会2016年学术论坛.2016.

[56] 梁宏斌,林玉祥,钱铮,等.沁水盆地南部煤系地层吸附气与游离气共生成藏研究[J].中国石油勘探,2011,16(2):72-78.

[57] 姚海鹏.鄂尔多斯盆地北部晚古生代煤系非常规天然气耦合成藏机理研究[D].2017.

[58] 侯晓伟,朱炎铭,付常青,等.沁水盆地压裂裂缝展布及对煤系"三气"共采的指示意义[J].中国矿业大学学报,2016,45(4):729-738.

[59] 秦勇,梁建设,申建,等.沁水盆地南部致密砂岩和页岩的气测显示与气藏类型[J].煤炭学报,2014,39(8):1559-1565.

[60] A.E.薛定谔著,王鸿勋等译.多孔介质中的渗流物理[J].北京:石油工业出版社,1982.

[61] Klinkenberg.L.J.The Permeability of Porous Meadia to Liquid and Gas[J].API Drilling and Production Practice,1941:200-213.

[62] Wu Y S,Pruess K,Persoff P.Gas Flow in Porous Media With Klinkenberg Effects[J].ransport in Porous Media,1998,32(1):117-137.

[63] ZHU,W.C,LIU,et al.Analysis of coupled gas flow and deformation process with desorption and Klinkenberg effects in coal seams[J].International Journal of Rock Mechanics & Mining Sciences,2007,44(7):971-980.

[64] Tanikawa W,Shimamoto T.Comparison of Klinkenberg-corrected gas permeability and water permeability in sedimentary rocks[J].International Journal of Rock Mechanics & Mining Sciences,2009,46(2):229-238.

[65] Firouzi M,Alnoaimi K,Kovscek A,et al.Klinkenberg effect on predicting and measuring helium permeability in gas shales[J].International Journal of Coal Geology,2014,123(2):62-68.

[66] Hu G,Wang H,Fan X,et al.Mathematical Model of Coalbed Gas Flow with Klinkenberg Effects in Multi-Physical Fields and its Analytic Solution[J].Transport in Porous Media,2009,76(3):407.

[67] Innocentini M D M, Pandolfelli V C. Permeability of Porous Ceramics Considering the Klinkenberg and Inertial Effects[J]. Journal of the American Ceramic Society, 2010, 84(5):941-944.

[68] Yi W, Liu S, Elsworth D. Laboratory investigations of gas flow behaviors in tight anthracite and evaluation of different pulse-decay methods on permeability estimation[J]. International Journal of Coal Geology, 2015, 149:118-128.

[69] Kazemi M, Takbiri-Borujeni A. An analytical model for shale gas permeability[J]. International Journal of Coal Geology, 2015, 146:188-197.

[70] 肖晓春. 滑脱效应影响的低渗透储层煤层气运移规律研究[D]. 阜新:辽宁工程技术大学, 2009.

[71] 高树生, 于兴河, 刘华勋. 滑脱效应对页岩气井产能影响的分析[J]. 天然气工业, 2011, 31(4):55-58.

[72] S. O. Gladkov. Gas-kinetic model of heat conduction of heterogeneous substances[J]. Technical Physics, 2008, 53, (7):828-832.

[73] Deqiang Mu, Zhong sheng Liu, Cheng Huang, et al. Determination of the effective diffusion coefficient in porous media including Kundsen effects[J]. Microfluidics and Nanofluidics, 2008, 4(3):257-260.

[74] V. Pavan and L. Oxarango. A new momentum equation for gas flow in porous media: The Klinkenberg effete seen through the kinetic Theory[J]. Journal of Statistical Physics, 2007, 126(2):355-389.

[75] A. V. Butkovskii. Rapid evaporation and condensation of gas between two surfaces in the limit of low values of Kundsen number[J]. High Temperature, 2007, 45(4):518-522.

[76] Ertekin T., King G. R., Schwerer F. C.. Dynamic gas slippage: A unique Dual-Mechanism approach to the flow of gas in tight formations[J]. SPE 12045, 1986.

[77] Gang L, Dong P, Mo S, et al. Theoretical Study of the Gas Slippage Effect in the Pore Space of Tight Sandstones in the Presence of a Water Phase[J]. Chemistry & Technology of Fuels & Oils, 2015, 51(3):1-12.

[78] Heid J G, McMzhon J J, Nielson R F, et al.. Study of the permeability of rocks to homogeneous fluids[J]. API Drilling and Production Practice, 1950:230-244.

[79] Jones S. C.. A rapid accurate unsteady-state Klinkenberg permeameter[J]. SPE 3535,1972.

[80] Jones S. C.. Using the interial coefficient, β, to characterize heterogeneity in reservoir rock[C]. SPE 16949,1987.

[81] F. O. Jones and W. W. Owens. A Laboratory Study of Low-Permeability Gas Sands[J]. J. Pet. Technol. 1980,Sept. (16):31-40.

[82] 吴英,程林松,宁正福.低渗气藏克林肯贝尔常数和非达西系数确定新方法[J].天然气工业,2005,25(5):78-80.

[83] 朱光亚,刘先贵,李树铁,等.低渗气藏气体渗流滑脱效应影响研究[J].天然气工业,2007,27(5):44-47.

[84] Sampath, K. and Keighin, C. W. Factors affecting gas slippage in tight sandstones of cretaceous age in the uinta basin[J]. J. Petrol. Technol. 1982,34(11):2715-2720.

[85] 姚约东,李相方,葛家理,宁正福.低渗气层中气体渗流克林贝尔效应的实验研究[J].天然气工业,2004,24(11):100-102.

[86] 薛国庆,李闽,罗碧华,等.低渗透气藏低速非线性渗流数值模拟研究[J].西南石油大学学报(自然科学版),2009,31(2):163-166.

[87] 聂向荣,田宗武,王成龙,等.低渗透气藏压裂井产能方程建立及应用[J].重庆科技学院学报(自然科学版),2016,18(2):65-67.

[88] 谭苗,张志全,韩鑫,等.低渗透气藏压裂井产能公式推导与分析[J].天然气与石油,2013,31(1):54-56.

[89] 唐林,郭肖,苗彦平,等.非达西渗流效应对低渗气藏水平井产能的影响[J].断块油气田,2013,20(5):607-610.

[90] 王德龙,王宪文,闫娟,等.非达西效应对低渗气藏气井产能影响研究[J].特种油气藏,2012,19(5):97-99.

[91] 李冬瑶,程时清.滑脱效应对低渗透气藏水平井和直井产能的影响[C]//2008复杂结构油气井开发技术研讨会. 2008.

[92] 徐兵祥,李相方,尹邦堂.滑脱效应对气井产能评价的影响[J].天然气工业,2010,30(10):45-48.

[93] 高树生,于兴河,刘华勋.滑脱效应对页岩气井产能影响的分析[J].天然气工业,2011,31(4).

[94] 熊健,郭平,李凌峰.滑脱效应和启动压力梯度对低渗透气藏水平井产能的影响[J].东北石油大学学报,2011,35(2):78-81.

[95] 肖晓春,潘一山.滑脱效应影响的低渗煤层气运移实验研究[J].岩土工程学报,2009(10):1554-1558.

[96] 田冷,申智强,王猛,等.基于滑脱、应力敏感和非达西效应的页岩气压裂水平井产能模型[J].东北石油大学学报,2016,40(6):106-113.

[97] 任飞,王新海,谢玉银,等.考虑滑脱效应的页岩气井底压力特征[J].石油天然气学报,2013,35(3):124-126.

[98] 许进进,任玉林,凡哲元,等.考虑滑脱效应下XS火山岩气藏数值模拟研究[J].石油天然气学报,2011,33(1):148-151.

[99] 熊健,胡永强,陈朕,等.考虑真实气体的低渗气藏动态预测模型[J].东北石油大学学报,2013,37(2):91-95.

[100] 张烈辉,梁斌,刘启国,等.考虑滑脱效应的低渗低压气藏的气井产能方程[J].天然气工业,2009,29(1):76-78.

[101] 何军,范子菲,胡永乐,等.考虑多因素影响的低渗气藏气井产能预测新方法[J].地质科技情报,2014(5):156-159.

[102] 邱先强,李治平,刘银山,等.致密气藏水平井产量预测及影响因素分析[J].西南石油大学学报(自然科学版),2013,35(2):141-145.

[103] 李彦尊,程时清,袁玉金,等.考虑气体滑脱效应的低渗透气藏试井典型曲线[J].大庆石油地质与开发,2009,28(4):72-75.

[104] Yang Z M,Huo L J,Zhang Y P,et al. Mechanism of Non-liner Gas Seepage Flow in Water-Bearing Volcanic Gas Reservoir[J]. Natural Gas Geoscience,2010,21(3):371-374.

[105] Cao S,Guo P,Zhang Z,et al. Seepage laws of two kinds of disastrous gas in complete stress-strain process of coal[J]. Mining Science & Technology,2011,21(6):851-856.

[106] Wang D K,Wei J P,Fu Q C,et al. Coalbed gas seepage law and permeability calculation-method based on Klinkenberg effect[J]. Journal of China Coal Society,2014,39(10):2029-2036.

[107] Zhao Q, Yue X, Wang F. Gas Flow Property in Microtube and Its Effect on Gaseous Seepage[J]. Liquid Fuels Technology, 2014, 32(13): 1569-1577.

[108] Beijing C, Ning Z F, Yao Y D. Non-Darcy flow experiment of low permeability gas reservoir and analysis of influencing factors[J]. Journal of Southwest Petroleum Institute, 2004, 26(6).

[109] Wang D K, Wei J P, Qi-Chao F U, et al. Seepage law and permeability calculation of coal gas based on Klinkenberg effect[J]. Journal of Central South University (Medical Sciences), 2015, 22(5): 1973-1978.

[110] YL Tan, GR Teng, Z Zhang. A Modified LBM Model for Simulating Gas Seepage in Fissured Coal Considering Klinkenberg Effects and Adsorbability-Desorbability[J]. Chinese Physics Letters, 2010, 27(1): 174-177.

[111] Kaczmarek M. Modeling Reservoir Gas Permeability Tests for Cylindrical and Spherical Geometry[J]. Transport in Porous Media, 2010, 84(1): 95-108.

[112] 贾英兰. 多层油气藏复杂渗流理论与试井分析方法研究[D]. 西南石油大学, 2014.

[113] 刘学利, 彭小龙. 超薄互层油藏层间窜流公式的建立及应用[J]. 石油天然气学报, 2011, 33(7): 119-122.

[114] Al-Ajmi N M, Kazemi H, Ozkan E. Estimation of Storativity Ratio in a Layered Reservoir With Crossflow[J]. Spe Reservoir Evaluation & Engineering, 2008, 11(2): 267-279.

[115] Cheng-Tai G, Deans H A. Single-phase Fluid Flow in a Stratified Porous Medium with Crossflow[J]. SPEJ, Soc. Pet. Eng. J.; (United States), 1984, 24(1): 94-106.

[116] Gaochangqing C. Determination Of Individual Later Properties By Layer-By-Layer Well Tests In Multilayer Reservoirs With Crossflow[J]. Well Test Analysis for Multilayered Reservoirs with Formation Crossflow, 2017, 11(3): 133-157.

[117] 董大忠, 邹才能, 杨桦, 等. 中国页岩气勘探开发进展与发展前景[J]. 石油学报, 2012, 33(增刊): 107-114.

[118] 廉培庆, 程林松, 李琳琳, 等. 裂缝性油藏弹性储容比和窜流系数变化规律研究[J]. 工程力学, 2011, 28(9): 240-244.

[119] Russell D G, Prats M. The Practical Aspects of Interlayer Crossflow[J]. Journal of Petroleum Technology, 1962, 14(6): 589-594.

［120］Russell D G, Prats M. Performance of Layered Reservoirs with Crossflow-Single-Compressible-Fluid Case［J］. Society of Petroleum Engineers Journal, 1962, 2(1):53-67.

［121］Tariq S, Jr H R. Drawdown Behavior of a Well With Storage and Skin Effect Communicating With Layers Of Different Radii And Other Characteristics［C］//SPE Annual Fall Technical Conference and Exhibition, 1978.

［122］Kuchuk F J, Habashy T. Pressure Behavior of Horizontal Wells in Multilayer Reservoirs With Crossflow［J］. Spe Formation Evaluation, 1996, 11(1):55-64.

［123］Huang R J, Li S C, Pu J, et al. A New Method for Solving the Model of the Seepage in Multilayered Reservoir［M］. Environment, Energy and Sustainable Development. 2013.

［124］孙贺东,周芳德,高承泰.部分打开的多层气藏不稳定试井的半透壁模型及数值模拟研究［J］.天然气工业,2001,21(4):77-80.

［125］孙贺东,王跃社,周芳德,等.具有越流的多层气藏的数值模拟研究［J］.应用力学学报,2002,19(4):14-18.

［126］孙贺东,刘磊,周芳德,等.无限大三层越流油气藏井底压力的精确解及典型曲线［J］.矿物岩石,2003,23(1):101-104.

［127］孙贺东,高承泰,周芳德.具有越流的多层气藏的压力曲线特征［J］.西安石油大学学报(自然科学版),2001,16(6):25-29.

［128］张烈辉,王海涛,贾永禄,等.层间窜流的双孔介质双层油藏渗流模型［J］.西南石油大学学报(自然科学版),2009,31(5):178-182.

［129］顾岱鸿,丁道权,刘军,等.层间非均质性致密气藏多层合采产量变化规律研究［J］.科学技术与工程,2015,15(8):53-59.

［130］张美红.煤系地层注气和卸压抽采煤层气增产技术基础研究［D］.太原:太原理工大学,2017.

［131］李铁军,李允.低渗透储层气体渗流数学模型及计算方法研究［J］.天然气工业,2000,20(5).

［132］Rushing J A, Newsham K E, Fraassen K C V. Measurement of the two-phase gas slippage phenomenon and its effect on gas relative permeability in tight gas sands［C］// SPE Annual Technical Conference and Exhibition. Society of Petroleum Engineers, 2003.

［133］杨凯,郭肖,廖敬,等.低渗透气藏流固耦合综合数学模型［J］.特种油气藏,2008,15(3):76-79.

[134] 赵金洲,符东宇,李勇明,等.基于格子 Boltzmann 方法的页岩气藏气体滑脱效应分析[J].油气地质与采收率,2016,23(5):65-70.

[135] 覃建华,肖晓春,潘一山,等.滑脱效应影响的低渗储层煤层气运移解析分析[J].煤炭学报,2010(4):619-622.

[136] 苗顺德,吴英.考虑气体滑脱效应的低渗透气藏非达西渗流数学模型[J].天然气勘探与开发,2007,30(3):45-48.

[137] 张春会,于永江,岳宏亮,等.考虑 Klinbenberg 效应的煤中应力-渗流耦合数学模型[J].岩土力学,2010,31(10):3217-3222.

[138] 张小龙.考虑滑脱效应的低渗气藏不稳定渗流特征[J].油气藏评价与开发,2015,5(6):16-19.

[139] 吴小庆.研究低渗透气藏滑脱效应的非线性偏微分方程反问题[J].重庆邮电大学学报(自然科学版),1999(4):34-39.

[140] Lefkovits H C. Hazebroek P. Allen E E. et al. A study of the behavior of bounded reservoirs composed of stratified layers[J]. Society of Petroleum Engineers Journal. 1961. 1(01):43-58.

[141] Russell D G. Prats M. Performance of Layered Reservoirs with Crossflow-Single- Compressible-Fluid Case[J]. Society of Petroleum Engineers Journal. 1962. 2(01):53-67.

[142] Russell D G. Prats M. The practical aspects of interlaver crossflow[J]. Journal of Petroleum Technology. 1962. 14(06):589-594.

[143] Taria S M, Ramey J, et al. Drawdown Behavior of a Well with Storage and Effect Communicating with Layers of Different Radii and Other Characteristics[J]. SPE7453, 1978,10,1-3.

[144] Gao C T. Determination of parameters for individual layers in multilayer reservoirs by transient well tests[J]. SPE Formation Evaluation. 1987. 2(1):43-65.

[145] Gao C T. Deans H A. Pressure transients and crossflow caused by diffusivities in multi-layer reservoirs[J], SPE formation evaluation. 1988. 3(02):438-448

[146] 孙贺东.复杂气藏现代试井分析与产能评价[M].北京:石油工业出版社,2012.

[147] Bourdet D. Pressure behavior of layered reservoirs with cossflow[C]. SPE California Regional Meeting Society of Petroleum Engineers. 1979.

[148] 贾永禄. 具有窜流的双层油气藏井底压力动态模型[J]. 天然气工业, 1997, 17(1): 52-54.

[149] 贾永禄, 李允, 邓吉彬. 具有井筒相分离和层间窜流的层状油藏渗流井底压力精确解[J]. 西南石油大学学报(自然科学版), 1997, 19(1): 40-44.

[150] Park H. Well test analysis of a multilayered reservoir with formation crossflow[D]. Stanford: Stanford university. 1989.

[151] 戴榕菁, 孔祥言, 钟钊新. 无限大多层油藏渗流问题的解析解及其应用[J]. 应用数学和力学. 1989. 10(9): 825-832.

[152] 成双华, 李阳. 多层气藏合采产能研究[J]. 内蒙古石油化工, 2015(19): 149-153.

[153] Larsen L. Wells producing commingled zones with unequal initial pressures and reservoir properties[C]. SPE Annual Technical Conference and Exhibition. Society of Petroleum Engineers, 1981.

[154] Larsen L. Determination of skin factors and flow capacities of individual layers in two-layered reservoirs[C]. SPE Annual Technical Conference and Exhibition. Society of Petroleum Engineers, 1982.

[155] Mavor M J. Walkup Jr G W. Application of the Parallel Resistance Concept to Well Test Analysis of Multilayered Reservoirs[C]. SPE California Regional Meeting. Society of Petroleum Engineers. 1986.

[156] Bidaux P, Whittle T M. Covene\ P J. et al. Analysis of pressure and rate transient data from wells in multilayered reservoirs: theory and application[C]. SPE Annual Technical Conference and Exhibition. Society of Petroleum Engineers, 1992.

[157] Jatmiko W. Daltaban T S, Archer J S. Determination of Relative Permeability From Well Testing in Multi-Layer Reservoirs[C]. SPE Asia Pacific Oil and Gas Conference. Society of Petroleum Engineers. 1994.

[158] Verga F M. Griffa G L. Aldegheri A. Advanced Well Simulation in a Multilayered Reservoir[C]. Paper SPE-68821-MS presented at the SPE Western Regional Meeting, 26-30 March 200L Bakersfield. California.

[159] 刘萱, 许浩, 汤达祯, 等. 低渗煤层气藏中的滑脱效应及影响因素[J]. 科技创新导报, 2014(20): 32-33.

[160] 陈国宏,罗从勇,龙学江,等.多孔介质中气体滑脱效应及其对渗流的影响分析[J].内蒙古石油化工,2008,34(20):133-135.

[161] 张俊,郭平.低渗透致密气藏的滑脱效应研究[J].断块油气田,2006,13(3):54-56.

[162] 吴家文,贺凤云,李树良,等.考虑压敏和滑脱效应的低渗透气藏渗流规律研究[J].钻采工艺,2007,30(6):49-51.

[163] 肖晓春,潘一山.低渗煤储层气体滑脱效应试验研究[J].岩石力学与工程学报,2008,27(S2):3509-3509.

[164] 王环玲,徐卫亚,巢志明,等.致密岩石气体渗流滑脱效应试验研究[J].岩土工程学报,2016,38(5):777-785.

[165] 赵瑜,王超林,曹汉,等.页岩渗流模型及孔压与温度影响机理研究[J].煤炭学报,2018,43(06):1754-1760.

[166] Javadpour F. Nanopores and Apparent Permeability of Gas Flow in Mudrocks (Shales and Siltstone)[J]. Journal of Canadian Petroleum Technology,2009,48(8):16-21.

[167] Civan F. Effective Correlation of Apparent Gas Permeability in Tight Porous Media[J]. Transport in Porous Media,2010,82(2):375-384.

[168] Cao R, Wang Y, Cheng L, et al. A New Model for Determining the Effective Permeability of Tight Formation[J]. Transport in Porous Media,2016,112(1):21-37.

[169] 刘淑芹,汪秀一,徐喜庆,等.孔隙度、渗透率测定结果差异性[J].大庆石油地质与开发,2016,35(1):76-79.

[170] Massarotto,P.,Golding,S. D.,Rudolph. Constant Volume CBM Reservoirs:An Important Principle[A]. In:2009 International Coabed Methane Symposium[C]. Tuscaloosa,2009.

[171] Reiss L H. The reservoir engineering aspects of fractured formations[M]. Paris:Editions Technip,1980.

[172] Seidle,J P,Huitt,L G. Experimental Measurement of coal matrix shrinkage due to gas desorption and implications for cleat permeability increases[J]. SPE Intl Mtg Petr Engr,1955(11):575-579.

[173] 郭洪祥.基于DSP的油水相对渗透率测量的研究[D].北京:中国石油大学,2009.

[174] 陈祖安,伍向阳,方华.岩石气体介质渗透率的瞬态测量方法[J].地球物理学报,1999(s1):167-171.

[175] 李小春,高桥学,吴智深,等.瞬态压力脉冲法及其在岩石三轴试验中的应用[J].岩石力学与工程学报,2001,20(s1):1725-1733.

[176] 高承泰.在具有越流的多层孔隙介质中的单相流动[J].油气井测试,1986,(2)97~106.

[177] 孙波,王魁军.煤的分形孔隙结构特征的研究[J].煤矿安全,1999(1):38-40.

[178] Pfeifer P, Colem W. Fractals in surface science: Scattering and thermo-dynamics of adsorbed film(Ⅱ)[J]. New J. Chem., 1990, 14: 221-232

[179] 康天合,赵阳升.煤体裂隙尺度分布的分形研究[J].煤炭学报,1995(4):393-398.

[180] 徐欣,徐书奇,邢悦明,等.煤岩孔隙结构分形特征表征方法研究[J].煤矿安全,2018,49(3):148-150.

[181] William B. J. Zimmerman,中仿科技公司. COMSOL Multiphysics 有限元法多物理场建模与分析[M].北京:人民交通出版社,2007.

[182] 张素新,肖红艳.煤储层中微孔隙和微裂隙的扫描电镜研究[J].电子显微学报,2000, 19(4):531-532.

[183] Nie B, Liu X, Yang L, et al. Pore structure characterization of different rank coals using gas adsorption and scanning electron microscopy[J]. Fuel, 2015, 158: 908-917.

[184] 李建胜,王东,康天合.基于显微CT试验的岩石孔隙结构算法研究[J].岩土工程学报,2010,32(11):1703-1708.

[185] Pan J, Zhu H, Hou Q, et al. Macromolecular and pore structures of Chinese tectonically deformed coal studied by atomic force microscopy[J]. Fuel, 2015, 139: 94-101.

[186] Yao Y, Liu D. Comparison of low-field NMR and mercury intrusion porosimetry in characterizing pore size distributions of coals[J]. Fuel, 2012, 95: 152-158.

[187] CLARKSON C R, JENSEN J L, PEDERSEN P K, et al. Innovative methods for flow-unit and pore-structure analysis in a tight siltstone and shale gas reservoir[J]. AAPG Bulletin, 2012, 96(2): 355-374.

[188] ZHAO H W, NING Z F, WANG Q, et al. Petrophysical characterization of tight oil reservoirs using pressure-controlled porosimetry combined with rate-controlled porosimetry[J]. Fuel, 2015, 154: 233-242.

[189] 戚灵灵.王兆丰.杨宏民.等.基于低温氮吸附法和压汞法的煤样孔隙研究[J].煤炭科学技术,2012,40(8):36-39.

[190] 焦堃.姚素平.吴浩.等.页岩气储层孔隙系统表征方法研究进展[J].高校地质学报,2014,20(1):151-161.

[191] 朱炎铭.侯晓伟.崔兆帮.等.河北省煤系天然气资源及其成藏作用[J].煤炭学报,2016,41(1):202-211.

[192] 谢晓永,唐洪明,王春华,等.氮气吸附法和压汞法在测试泥页岩孔径分布中的对比[J].天然气工业,2006,26(12):100-102.

[193] 王飞.煤的吸附解吸动力学特性及其在瓦斯参数快速测定中的应用[D].徐州:中国矿业大学,2016.

[194] 杨明莉.煤层甲烷变压吸附浓缩的研究[D].重庆:重庆大学,2004.

[195] 曹涛涛,宋之光,刘光祥,等.氮气吸附法-压汞法分析页岩孔隙、分形特征及其影响因素[J].油气地质与采收率,2016,23(2):1-8.

[196] Gregg S J. Adsorption of gases-tool for the study of the texture of solids[J]. Studies in Surface Science & Catalysis,1982,10(2):153-164.

[197] 琚宜文,卫明明,薛传东.华北盆山演化对深部煤与煤层气赋存的制约[J].中国矿业大学学报,2011,40(3):390-398.

[198] 陈尚斌,朱炎铭,王红岩,等.川南龙马溪组页岩气储层纳米孔隙结构特征及其成藏意义[J].煤炭学报,2012,37(3):438-444.

[199] 周正武,刘新凯,王延保,等.靖地区龙马溪组高成熟海相页岩吸附气量及其影响因素[J].中国石油勘探,2017(4):73-83.

[200] 刘洪林,王红岩.中国南方海相页岩吸附特征及其影响因素[J].天然气工业,2012,32(9):5-9.

[201] 程克明,王世谦,董大忠,等.上扬子区下寒武统筇竹寺组页岩气成藏条件[J].天然气工业,2009,29(5):40-44.

[202] 王淑芳,张子亚,董大忠,等.四川盆地下寒武统筇竹寺组页岩孔隙特征及物性变差机制探讨[J].天然气地球科学,2016,27(9):1619-1628.

[203] 吴世跃.煤层气与煤层耦合运动理论及其应用的研究[D].沈阳:东北大学,2006.